十三五
规划教材
BUILDING

高职高专建筑工程类专业"十三五"规划教材

GAOZHI GAOZHUAN JIANZHUGONGCHENGLEI ZHUANYE SHISANWU GUIHUA JIAOCAI

建筑构造与识图实训

JIANZHUGOUZAOYUSHITUSHIXUN

◎主　编　刘小聪

◎副主编　庞亚芳　徐菱珞

◎主　审　钟少云

中南大学出版社
www.csupress.com.cn

内容简介

  本书是一本集《建筑识图》和《房屋构造》相关知识点于一体的高职高专土建类专业实训指导教材,采用最新的国家标准和规范进行编写。

  为适应我国高职高专教育改革的需求,本书按照土建类相关专业职业岗位和职业能力培养的要求以及国家示范性高职高专院校课程建设的相关要求,整合课程教学内容。为更好地采用任务驱动式教学法,真正达到培养学生实际动手能力的目的,本书采用以任务为主线的编写模式。全书共分为三个部分,第一部分为实训大纲和课程考核评价标准,明确课程目标和考核要求;第二部分为实训任务,从实践教学环节着手,以课程职业能力为依据,按照职业岗位和职业能力培养要求,整合教学内容,以民用建筑和工业建筑两个项目为导向,构建以14个工作任务驱动的5个模块式课程结构+2个综合实训+1条基础训练主线,形成"1421"的实践性教学环节;第三部分为相关应用知识和实训项目图样资料,为实训环节提供必备的应用知识和基础性资料,给出了实训任务所涉及的图样。

  本书适合于高职高专工程造价、建筑工程技术、建筑设计技术、城镇规划、建筑工程管理、房地产及物业管理等土建类专业学生学习建筑构造和建筑施工图用书,也可作为相关专业工程技术人员的参考用书和职业岗位培训的参考用书。

前　言

"建筑构造与识图"是高职高专土建类各专业的一门既有系统理论又有较多社会实践知识的重要专业技能基础课程。该课程具有较强的综合性及应用性，它以培养学生的方法能力与社会能力、培养学生的读图能力与绘图能力以及对房屋建筑构造的认知能力为主要目标，同时兼顾后续专业课程的学习需要以及建筑工程领域八大员(施工员、造价员、质检员、安全员、材料员、机械员、测量员、资料员等)岗位的任职资格要求，因此，它是土建类各专业必须具备的基本知识和基本技能。

为了方便学生的学习和教师的指导，针对课程的系统性、实践性以及该课程在专业中的重要性，特编写这本《建筑构造与识图实训》。本书内容包括实训大纲和课程考核与评价标准、实训任务、相关应用知识与实训项目图样资料三个部分。按照实训大纲的要求，本书在编写上力求做到符合土建类各专业的教学特点以及课程教学改革的要求，以大纲为依据，注重知识目标、能力目标的培养，更注重技能目标的培养，提高学生的综合素质以及学习的主动性和能动性，培养学生的职业能力，从实践性教学环节着手，按照职业岗位和职业能力培养目标，整合课程教学内容，以民用建筑和工业建筑

两个项目为导向，构建以14个工作任务驱动的5个模块式课程结构+2个综合实训+1条基础训练主线，形成"1421"的实践教学环节，保证各能力目标的实现。

本书为校企合作集体编写。由湖南城建职业技术学院刘小聪主编、钟少云主审，湖南城建职业技术学院庞亚芳、徐菱珞任副主编。参加本书编写的人员按任务排列有：徐菱珞(任务1)、刘小聪(任务2、6)、刘运莲(任务3、4、5)、庞亚芳(任务3~5、8)、季敏(任务7)、唐蜜(任务9)、邹宁(任务10)、肖欣荣(任务11)、丁胜(任务12)、陈大昆(任务13)、杨金桂(任务14)，其他由刘小聪、庞亚芳、徐菱珞、季敏、肖欣荣、邹宁、肖燕娟、刘秋生、黄丽、肖姝、沈涛、刘雅君、唐蜜、周曦、邹文庭、侯容、刘晓共同编写。

本书得到了湘潭县建筑规划设计院刘雅君、唐蜜、邹文庭、侯容和湘潭丰润工程造价咨询有限公司周曦、刘晓的指导，在此表示衷心的感谢！

本书在编写过程中，参考了有关标准、书籍、图片及其他资料，得到了出版社和编者所在单位的领导和同事的鼎力支持，在此一并致谢。由于编者水平有限，书中难免出现错误，恳请各位批评指正。

编　者

目　录

第一部分　实训大纲和课程考核与评价标准

一、课程实训大纲

1. 课程性质

"建筑构造与识图"是一门既有系统理论又有较多实践的重要专业技能基础课程。该课程具有较强的综合性及应用性，应通过实训并结合实际工程项目来培养学生对房屋建筑构造的认知能力以及绘图和读图的能力，更进一步地掌握基本制图规范和建筑图形的识读和表达要求，掌握房屋各组成部分的构造做法和要求。只有掌握建筑构造与识图的主要内容，并运用其他的专业和基础知识，才能熟练地掌握工程技术语言、准确地理解设计意图、合理地进行设计与施工、准确地进行工程造价分析和计算。因此它是土建类工程技术人员如建筑设计人员、施工人员、质检人员、安全人员、造价人员、材料人员等职业岗位人员所必须具备的基本知识和基本技能。

2. 课程目标

表 1-1　建筑构造与识图课程目标

目标分类	教学目标
知识目标	(1)掌握建筑制图国家标准、绘图工具的正确使用、投影的基本原理、建筑形体投影图的作图方法、建筑构配件剖面图和断面图的作图方法； (2)掌握建筑工程图的形成规律和图示内容、作图要求及识读方法； (3)掌握民用建筑中房屋的构造组成及其作用、常用的建筑构造做法和构造要求，与实际紧密结合，及时吸纳新知识、新技术、新材料、新标准； (4)了解单层工业厂房结构组成和类型、单层厂房主要结构构件和围护结构组成及其构造
技能目标	(1)建筑形体和建筑构配件的基本绘图能力； (2)识读和绘制建筑工程图的能力以及团结协作解决问题的能力； (3)对民用建筑房屋构造的认知能力，具有研究各个与之相关的构造知识点在工程图样和实际中的综合应用能力、创新能力； (4)对单层厂房排架结构构件、建筑围护结构构件及构造的认知能力； (5)综合素质能力
态度目标	(1)良好的职业道德素养； (2)严谨的工作态度和一丝不苟的工作作风； (3)自觉学习和自我发展的能力； (4)团结协作能力、创新能力和专业表达能力
素质目标	(1)培养现代社会人都应具备的团结、协作、共赢的精神，为未来工作打好思想基础； (2)具有热爱专业、实事求是的学风和创新意识、创新精神； (3)独立分析与解决具体问题的综合素质能力

3. 课程实训内容

从职业岗位能力分析出发，找准专业实践能力层次的定位，把握课程设计的指导思想，设置该课程实践性教学环节，其目的是体现以培养专业能力目标为重点，以满足职业岗位需求目标为原则，循序渐进，根据五项职业能力建立了以14项实践任务为主导的五个教学模块，加上培养综合素质能力的两个实训综合性的模块，同时兼顾一条基础训练主线，培养学生的基本素质能力，实训指导因材施教，使学生在实践性教学环节中发现、分析、研究和解决有关实际问题，提高学生的基本素质岗位职业适应能力(表1-2)。

表 1-2　实践教学内容(14+2+1)与职业能力

职业能力	实践教学内容模块	任务	实训操作及成果要求
1. 建筑图形的初识能力	模块一：初识建筑	1. 初识建筑工程施工图	初识建筑工程施工图，填写读图记录表
		2. 绘制建筑平面图形	按建筑制图标准要求绘制建筑平面图形
2. 图形的基本表达能力	模块二：建筑形体投影图的表达	3. 绘制形体的三面投影图	完成建筑形体的三面投影图
		4. 绘制建筑形体的轴测投影图	完成建筑形体的轴测投影图
		5. 绘制建筑构配件的剖面图和断面图	完成建筑构配件(门、台阶、雨篷、窗、窗台、梁、板、柱等)的剖面图和断面图
3. 建筑工程施工图的识读能力	模块三：建筑工程图的识读与绘制	6. 识读并绘制建筑施工图	识读建筑设计说明书、总平面图、各层平面图、立面图、剖面图和详图，完成识读任务表和图形的绘制
		7. 识读并绘制结构施工图	识读结构设计说明、基础图、结构平面布置图、结构构件详图，完成识读任务表和图形的绘制
		8. 识读并绘制室内给排水施工图	识读给排水设计说明、图例、室内给排水平面图、系统图，完成识读任务表和图形的绘制
※综合素质能力	综合实训 I	※识读和绘制建筑工程施工图	结合任务6、7、8绘制建筑施工图、结构施工图、室内给排水施工图
4. 民用建筑构造的认知能力与表达能力	模块四：民用建筑构造的认知与表达	9. 基础图的认知与表达 10. 墙身剖面构造详图的认知与表达 11. 楼层结构图的认知与表达 12. 楼梯构造详图的认知与表达 13. 屋面排水与节点构造详图的认知与表达	结合房屋构造模型、施工现场、施工图纸、常见的砖混结构或框架结构，完成实训任务表和任务图形。 1. 认知与表达基础图 2. 认知与表达墙身剖面构造详图 3. 认知与表达楼层结构图 4. 认知与表达楼梯构造详图 5. 认知与表达屋面排水与节点构造详图
5. 工业建筑构造的认知能力与表达能力	模块六：工业建筑构造的认知与表达	14. 单层工业厂房建筑构造的认知与表达	结合施工现场、施工图纸、常见的单层排架结构厂房，完成参观实习报告和单层工业厂房建筑平面图和节点详图
※综合素质能力	综合实训 II	※图纸深度识读与绘制	根据专业和培养能力的目标要求，综合民用建筑构造以及建筑工程施工图的表达要求，选择分任务。 分任务1：根据建筑方案图，绘制建筑施工图、楼层结构平面布置图； 分任务2：分小组实测常用的砖混结构或框架结构或房屋构造模型，绘制竣工图； 分任务3：了解工程计量的一些基本规则，有针对性地识读施工图
◎基本素质能力	基础训练	◎工程字练习、习题训练	培养空间想象能力和空间分析能力、基本绘图能力和动手能力，习题训练，每周提交一张工程字练习单

4. 实训教学时数分配(表1-3)

表1-3 实训教学时数分配表

单元模块	实践性教学主题	参考学时		
		总课时	理论教学	实践教学
第一学期		76	28	48
模块一:初识建筑	任务1 初识建筑工程施工图	4	2	2
	任务2 绘制建筑平面图形	8	4	4
模块二:建筑形体投影图的表达	任务3 绘制形体的三面投影图	8	4	4
	任务4 绘制建筑形体的轴测投影图	6	2	4
	任务5 绘制建筑构配件的剖面图和断面图	6	2	4
模块三:建筑工程施工图的识读与绘制	任务6 识读并绘制建筑施工图	8	6	2
	任务7 识读并绘制结构施工图	8	6	2
	任务8 识读并绘制室内给排水施工图	4	2	2
综合实训Ⅰ	※识读和绘制建筑工程施工图	24		24
第二学期		88	36	52
模块四:民用建筑构造及构造详图的认知与表达	任务9 基础图的认知与表达	8	4	4
	任务10 墙身剖面构造详图的认知与表达	12	8	4
	任务11 楼层结构图的认知与表达	8	4	4
	任务12 楼梯构造详图的认知与表达	12	6	6
	任务13 屋面排水与节点构造详图的认知与表达	12	6	6
模块五:工业建筑构造的认知与表达	任务14 单层工业厂房建筑构造的认知与表达	12	8	4
综合实训Ⅱ	※图纸深度识读与绘制	24		24
基础训练	◎习题训练、绘制图样、练习工程字	对应课堂教学课内外完成		
合 计		164	64	100
课时比例(实践性教学比例60%,以技能实训为主)		100%	40%	60%

注:课程任务安排分两个学期进行,第一学期课内参考学时76节[13周教学周(新生一年级一期),周课时4节;综合实训专用周课时按24课时计算];第二学期课内参考学时88节[16周教学周(一年级二期),周课时4节;综合实训专用周课时按24课时计算]。

5. 实训方式与考核方式

实训贯穿于整个课程教学过程中,针对每一个任务展开教学,任务目标明确具体,采用任务驱动式教学法、现场体验式教学法、启发讨论式教学法、翻转课堂式教学法等教学方法,教中做、教中学,"教、学、做"合一,做到讲练及时交互、有机结合。实训形式根据任务书要求不同而不同。实训过程采用布置任务→教师讲解演示→学生分小组、分项目实践训练→教师辅导→教师点评→学生再训练→学生自评→学生互评→教师或企业专家综合评定的步骤进行。

考核方式见课程考核与评价标准。

6. 大纲说明

(1)本实训大纲是土建类各专业"建筑构造与识图"课程的实训教学指导性文件,课程教学包括任务布置、任务讲解、实际学习、课堂实践、教学参观、实践训练等实践性教学环节。

(2)推荐书目:

①刘小聪. 建筑构造与识图. 长沙:中南大学出版社,2013

②刘小聪. 建筑构造与识图习题集. 长沙:中南大学出版社,2013

③中南地区工程建设标准设计办公室. 建筑图集. 北京:中国建筑工业出版社,2011

④中南地区工程建设标准设计办公室. 结构图集. 北京:中国建筑工业出版社,2012

⑤中国建筑标准设计研究院. 混凝土结构施工图平面整体表示方法制图规则和构造详图(11G101—1~3). 北京:中国计划出版社,2011

⑥本社编. 现行建筑设计规范大全. 北京:中国建筑工业出版社,2014

二、课程考核与评价标准

1. 课程考核总体要求

考核标准以体现职业能力为核心,结合方法能力、社会能力考核。课程考核分阶段分任务从出勤率、训练表现与职业素养、训练内容质量及成果表达能力以及问题分析与解决能力、团队合作能力、实训成果答辩能力等四个方面考核,按照课程任务,针对知识目标、技能目标、态度目标和素质目标制定了相应的考核要求。强调考核方式多样、考核过程控制、考核目标具体、考核主体明确,重在培养学生的能力,激发学生的学习自主性,培养其创新意识和创造能力。在教学过程中,实训任务分阶段完成,"教、学、做"合一,根据各专项能力训练考核表要求,采用多样化考核评价方式评定学生成绩。将各项实训成绩分别乘以其权重系数汇总得到每个学生该门课程的学期成绩。课程考核体系如图1-1、图1-2所示,分两个学期。

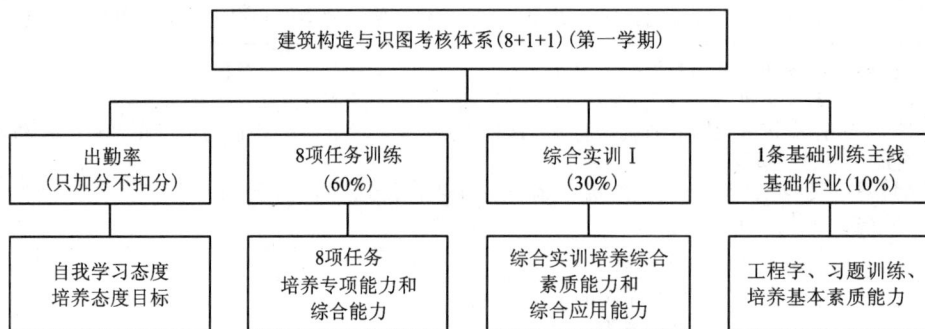

图1-1 建筑构造与识图课程考核体系示意(第一学期)

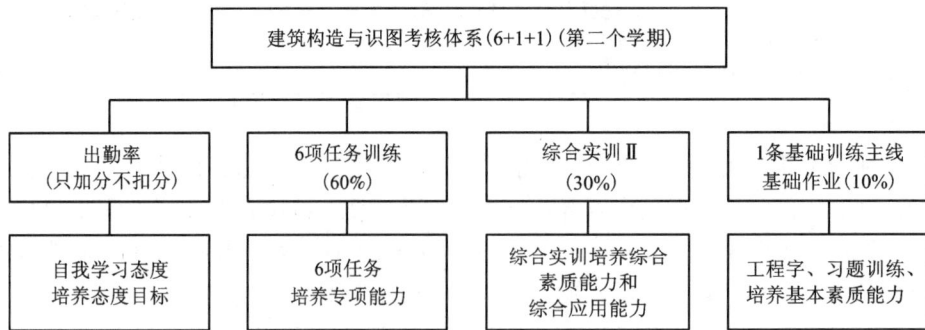

图1-2 建筑构造与识图课程考核体系示意(第二学期)

2. 考核方式和主体

（1）考核方式

本课程考核突出高职教育以专业岗位职业能力和综合素质为核心的目标，按照任务训练，针对知识目标、技能目标、态度目标和素质目标制定了相应的考核要求。

成绩评定均按百分制，分两个学期考核（第一学期前8个任务＋综合实训Ⅰ＋1条基础训练主线；第二学期后6个任务＋综合实训Ⅱ＋1条基础训练主线），将各项实训成绩按百分制分别乘以其权重系数汇总得到每个学生该门课程的成绩，累计得分在100～90分为优，89～80分为良，79～70分为中，69～60分为及格，60以下为不及格。

（2）考核主体

根据课程特点，基础作业采用校内老师和学生综合评定，14项任务、2项综合（14＋2）实训考核采用校内老师、现场专家、学生自评、互评考核评价方式相结合。考核方式分小组采用学生自评（占30%）、互评（占30%）、现场展评通过专家点评或教师综合（占40%）。选优作业通过现场专家或课程组老师集体评定，详见表1-4。

表1-4　各任务考核方式与主体

学期		实训任务	考核内容	考核方式与主体
第一学期	1	初识建筑工程施工图	建筑施工图的基本知识	教师评阅
	2	绘制建筑平面图形	建筑平面图的绘制	学生分组自评、互评、教师评阅
	3	绘制形体的三面投影图	建筑形体的三面投影图的绘制	教师评阅
	4	绘制建筑形体的轴测投影图	建筑形体的轴测投影图的绘制	
	5	绘制建筑构配件的剖面图和断面图	建筑构配件剖面图和断面图的绘制	
	6	识读并绘制建筑施工图	建筑施工图的识读与绘制	学生分组自评、互评、教师评阅
	7	识读并绘制结构施工图	结构施工图的识读与绘制	
	8	识读并绘制给排水施工图	给排水施工图的识读与绘制	
	◎	综合实训Ⅰ	建筑工程施工图的识读与绘制	学生分组自评、互评、教师组织答辩、专家点评
	◎	基础作业	工程字、习题集	学生、教师综合评阅
第二学期	9	基础图的认知与表达	基础图的识读与绘制	学生分组自评、互评、教师评阅
	10	墙身剖面构造详图的认知与表达	墙身剖面构造详图的识读与绘制	
	11	楼层结构图的认知与表达	楼层结构平面图的识读与绘制	
	12	楼梯构造详图的认知与表达	楼梯构造详图的识读与绘制	
	13	屋面排水与节点构造详图的认知与表达	屋面排水与节点构造详图的识读与绘制	
	14	单层工业厂房建筑构造的认知与表达	单层工业厂房建筑平面图和节点详图的绘制	
	◎	综合实训Ⅱ	建筑工程施工图的深度识读与绘制	学生分组自评、互评、教师组织答辩、专家点评
	◎	基础作业	工程字、习题集	学生、教师综合评阅

3. 课程考核成绩评定标准（表1-5～表1-7）

表1-5　"建筑构造与识图"课程模块考核内容及权重

学期	模块	考核任务	权重（200%）		备注
第一学期	模块一 初识建筑	1. 初识建筑工程施工图	5%	60%	仅识读和草图部分权重，绘图部分权重在综合实训Ⅰ中
		2. 绘制建筑平面图形	10%		
	模块二 建筑形体投影图的表达	3. 绘制形体的三面投影图	10%		
		4. 绘制建筑形体的轴测投影图	10%		
		5. 绘制建筑构配件的剖面图和断面图	10%		
	模块三 建筑工程施工图的识读与绘制	6. 识读并绘制建筑施工图	5%		
		7. 识读并绘制结构施工图	5%		
		8. 识读并绘制给排水施工图	5%		
	综合实训Ⅰ （一周）	识读并绘制建筑施工图、结构施工图、室内给排水施工图	30%		
	基础训练	工程字、习题集训练	10%		
第二学期	模块四 民用建筑构造 认知与表达	9. 基础图的认知与表达	10%	60%	
		10. 墙身剖面构造详图的认知与表达	10%		
		11. 楼层结构图的认知与表达	10%		
		12. 楼梯构造详图的认知与表达	10%		
		13. 屋面排水与节点构造详图的认知与表达	10%		
	模块五 工业建筑构造的 认知与表达	14. 单层工业厂房建筑构造的认知与表达	10%		
	综合实训Ⅱ （一周）	根据专业和培养能力的目标要求，综合民用建筑构造以及建筑工程施工图的表达要求，选择分任务。 分任务1：根据建筑方案图，绘制建筑施工图、楼层结构平面布置图； 分任务2：分小组实测常用的砖混结构或框架结构或房屋构造模型，绘制竣工图； 分任务3：了解工程计量的一些基本规则，有针对性地识读施工图	30%		
	基础训练	工程字、习题集训练	10%		

表1-6 "建筑构造与识图"第一学期技能考核评价汇总表(任务1~8＋综合实训Ⅰ＋基础作业)

班级＿＿＿＿＿＿＿＿＿ 任课教师＿＿＿＿＿＿＿＿＿ 日期＿＿＿＿＿＿＿＿＿

建筑构造与识图(第一学期技能考核评价汇总表)												
分项实训	1	2	3	4	5	6	7	8	综合实训Ⅰ	基础作业	考评结果	
权重系数	0.05	0.1	0.05	0.05	0.05	0.1	0.1	0.1	0.3	0.1	合计	等级
1 学生姓名 (分项分)/(权重分)												
2												

表1-7 "建筑构造与识图"第二学期技能考核评价汇总表(任务9~14＋综合实训Ⅱ＋基础作业)

班级＿＿＿＿＿＿＿＿＿ 任课教师＿＿＿＿＿＿＿＿＿ 日期＿＿＿＿＿＿＿＿＿

建筑构造与识图(第二学期技能考核评价汇总表)										
分项实训	9	10	11	12	13	14	综合实训Ⅱ	基础作业	考评结果	
权重系数	0.1	0.1	0.1	0.1	0.1	0.1	0.3	0.1	合计	等级
1 学生姓名 (分项分)/(权重分)										
2										

4. 分项能力考核表(表1-8~表1-14)

表1-8 任务1"初识建筑工程施工图"专项能力训练考核表

班级＿＿＿＿＿＿＿＿＿ 任课教师＿＿＿＿＿＿＿＿＿ 日期＿＿＿＿＿＿＿＿＿

序号	学生姓名	考核方式	评价内涵及能力要求				评分	权重	成绩
			出勤率	训练表现	训练内容质量及成果	问题答辩			
			只扣分不加分	10分	60分	30分			
			1. 迟到一次扣2分,旷课一次扣5分 2. 缺课1/3学时以上,该专项能力不记分	1. 学习态度端正(4) 2. 积极思考问题、动手能力强(6)	识读正确,并了解房屋的构造的基本知识和施工图的分类与作用(60)	1. 解决实际存在的问题(20) 2. 结合实践、灵活运用(10)			
1	×××	教师评阅						100%	
2									

表1-9 任务2"绘制建筑平面图形"专项能力训练考核表

班级＿＿＿＿＿＿＿＿＿ 任课教师＿＿＿＿＿＿＿＿＿ 日期＿＿＿＿＿＿＿＿＿

序号	学生姓名	考核方式	评价内涵及能力要求				评分	权重	成绩
			出勤率	训练表现	训练内容质量及成果	问题答辩			
			只扣分不加分	10分	60分	30分			
			1. 迟到一次扣2分,旷课一次扣5分 2. 缺课1/3学时以上,该专项能力不记分	1. 学习态度端正(4) 2. 积极思考问题、正确使用绘图工具、动手能力强(6)	1. 满足任务书深度要求(20) 2. 符合国家有关制图标准要求(图框格式正确、线型粗细分明、字体端正整齐、尺寸标注齐全、图形按比例绘制)(30) 3. 布图适中、匀称、美观、图面表达清晰(10)	1. 解决实际存在的问题(20) 2. 结合实践、灵活运用(10)			
1	×××	学生自评						30%	
		学生互评						30%	
		教师评阅						40%	
2									

表1-10 任务3"绘制形体的三面投影图"专项能力训练考核表

班级＿＿＿＿＿＿＿＿＿ 任课教师＿＿＿＿＿＿＿＿＿ 日期＿＿＿＿＿＿＿＿＿

序号	学生姓名	考核方式	评价内涵及能力要求				评分	权重	成绩
			出勤率	训练表现	训练内容质量及成果	问题答辩			
			只扣分不加分	10分	60分	30分			
			1. 迟到一次扣2分,旷课一次扣5分 2. 缺课1/3学时以上,该专项能力不记分	1. 学习态度端正(4) 2. 积极思考问题、注重培养空间想象能力和空间思维能力、画图和读图能力,动手能力强(6)	1. 满足任务书深度要求(20) 2. 符合国家有关制图标准要求(图框格式正确、线型粗细分明、字体端正整齐、尺寸标注齐全、图形按比例绘制)(10) 3. 布图适中、匀称、美观、图面表达清晰(10) 4. 投影关系正确、图形表达符合要求,图示内容表达完善(20)	1. 解决实际存在的问题(20) 2. 结合实践、灵活运用(10)			
1	×××	教师评阅						100%	

注:任务4"绘制建筑形体的轴测投影图"和任务5"绘制建筑构配件的剖面图和断面图"专项能力训练考核表同此表。

表1-11 任务6"识读并绘制建筑施工图"专项能力训练考核表

班级_____ 任课教师_____ 日期_____

序号	学生姓名	考核方式	评价内涵及能力要求				评分	权重	成绩
			出勤率	训练表现	训练内容质量及成果	问题答辩			
			只扣分不加分	10分	60分	30分			
			1. 迟到一次扣2分，旷课一次扣5分 2. 缺课1/3学时以上，该专项能力不记分	1. 学习态度端正(4) 2. 积极思考问题、动手能力强(6)	1. 满足任务书深度要求(10) 2. 图样绘制，符合标准要求，投影关系正确，图示内容表达完善(30) 3. 对照图样，识读正确，思路清晰，完成内容完善的识读任务表(20)	1. 正确回答问题(20) 2. 结合实践、灵活运用(10)			
1	×××	学生自评						30%	
		学生互评						30%	
		教师评阅						40%	

注：任务7"识读并绘制结构施工图"和任务8"识读并绘制室内给排水施工图"专项能力训练考核表同此表。

表1-12 综合实训Ⅰ"识读并绘制建筑工程施工图"综合能力训练考核表

班级_____ 任课教师_____ 日期_____

序号	学生姓名	考核方式	评价内涵及能力要求				评分	权重	成绩
			出勤率	训练表现	训练内容质量及成果	问题答辩			
			只扣分不加分	10分	60分	30分			
			1. 迟到一次扣2分，旷课一次扣5分 2. 缺课1/3学时以上，该专项能力不记分	1. 学习态度端正(4) 2. 积极思考问题、动手能力强(6)	1. 满足任务书深度要求(20) 2. 图样绘制，尺寸标注齐全、字体端正整齐、线型粗细分明，符合标准要求，投影关系正确，图示内容表达完善(30) 3. 布图适中、匀称、美观、图面表达清晰(5) 4. 按顺序装订成册(5)	1. 正确回答问题(20) 2. 结合实践、灵活运用(10)			
1	×××	学生自评						30%	
		学生互评						30%	
		专家点评教师综合						40%	

注：本综合实训结合任务6、7、8进行建筑工程施工图的识读与绘制。

表1-13 任务9"基础图的认知与表达"专项能力训练考核表

班级_____ 任课教师_____ 日期_____

序号	学生姓名	考核方式	评价内涵及能力要求				评分	权重	成绩
			出勤率	训练表现	训练内容质量及成果	问题答辩			
			只扣分不加分	10分	60分	30分			
			1. 迟到一次扣2分，旷课一次扣5分 2. 缺课1/3学时以上，该专项能力不记分	1. 学习态度端正(4) 2. 积极思考问题、动手能力强(6)	1. 满足任务书深度要求(20) 2. 符合国家有关制图标准要求(尺寸标注齐全、字体端正整齐、线型粗细分明)(10) 3. 构造合理可行，图面表达清晰、图示内容表达完善(30)	1. 正确回答问题(20) 2. 结合实践、灵活运用(10)			
1	×××	学生自评						30%	
		学生互评						30%	
		教师评阅						40%	

注：任务10"墙身剖面构造详图的认知与表达"、任务11"楼层结构图的认知与表达"、任务12"楼梯构造详图的认知与表达"、任务13"屋面排水与节点构造详图的认知与表达"、任务14"单层工业厂房建筑构造的认知与表达"专项能力训练考核表均同此表。

表1-14 综合实训Ⅱ"图纸深度识读与绘制"综合能力训练考核表

班级_____ 任课教师_____ 日期_____

序号	学生姓名	考核方式	评价内涵及能力要求				评分	权重	成绩
			出勤率	训练表现	训练内容质量及成果	问题答辩			
			只扣分不加分	10分	60分	30分			
			1. 迟到一次扣2分，旷课一次扣5分 2. 缺课1/3学时以上，该专项能力不记分	1. 学习态度端正(4) 2. 积极思考问题、动手能力强(6)	1. 满足任务书深度要求(20) 2. 根据选择分任务不同要求不同 (1)分任务1和2要求 1)符合国家有关制图标准要求(尺寸标注齐全、字体端正整齐、线型粗细分明)，投影关系正确、图示内容表达完善(30) 2)布图适中、匀称、美观、图面表达清晰(5) 3)按顺序装订成册(5) (2)任务3要求 了解工程计量的一些基本规则，深度识读建筑工程施工图，填写识读记录表(40)	1. 正确回答问题(20) 2. 结合实践、灵活运用(10)			
1	×××	学生自评						30%	
		学生互评						30%	
		专家点评教师综合						40%	

注：本综合实训综合民用建筑构造以及建筑工程施工图的表达要求，选择方案。方案一：根据建筑方案图，绘制建筑施工图、楼层结构平面布置图；方案二：分小组实测常用的砖混结构或框架结构或房屋构造模型，绘制竣工图；方案三：了解工程计量的一些基本规则，有针对性地识读施工图。

第二部分 实训任务

任务1 初识建筑工程施工图

☆任务书☆

一、任务要求

结合建筑施工图和房屋构造的基本知识,识读本书中第三部分实训项目图样,完成识读记录表。

识读记录表(对照本书中第三部分建筑工程施工图识读)

识读项目	记录
1.施工图的分类如何?该工程图中的施工图类型有哪些?各有多少张?	
2.施工图的编排顺序有何要求?结合本套施工图说出其编排顺序?	
3.建筑物的组成部分有哪些?初识建筑工程施工图,对照设计说明和图形指出本套施工图基础的类型、墙体的材料与厚度、楼板和屋面板材料、楼梯的位置、门窗的编号与数量、屋面的防水等级。	
4.根据建筑物的分类、分级,图中表达的建筑是什么类型的建筑,等级如何?	
5.设计该建筑时,要考虑哪些可能会影响房屋构造的因素?	

二、实训目的

(1)认识建筑工程施工图的形成,了解施工图的分类、编排顺序与作用。

(2)了解建筑物的分类、分级;掌握房屋的构造组成及影响房屋构造的主要因素,建筑标准化和建筑模数协调统一标准的意义。

三、进度安排及要求

本任务为期1周,课内共4课时(讲课2+训练2),与课内同步课外1周。

阶段	时间段	内容	课内学时	要求
前期学习阶段	0.5周	专题讲课、任务布置	2	了解建筑与建筑工程施工图,掌握房屋的构造组成
回答问题、成果评析阶段	0.5周	专教辅导成果评析	2	根据所学知识,完成识读记录表

四、成果要求

自备作业纸,完成识读记录表。

五、考核方案

表2-1 任务1"初识建筑工程施工图"专项能力训练考核表

班级_____ 任课教师_____ 日期_____

序号	学生姓名	考核方式	评价内涵及能力要求				评分	权重	成绩
			出勤率	训练表现	训练内容质量及成果	问题答辩			
			只扣分不加分	10分	60分	30分			
			1.迟到一次扣2分,旷课一次扣5分 2.缺课1/3学时以上,该专项能力不记分	1.学习态度端正(4) 2.积极思考问题、动手能力强(6)	识读正确,并了解房屋的构造的基本知识和施工图的分类与作用(60)	1.解决实际存在的问题(20) 2.结合实践、灵活运用(10)			
1	×××	教师评阅						100%	

☆指导书☆

1. 前期学习阶段(课内2学时)

(1)根据实训任务要求,结合实训项目图样,专题讲述建筑工程施工图的形成、分类、编排顺序与作用;建筑物的分类、分级及房屋的构造组成,以及影响房屋构造的主要因素、建筑标准化和建筑模数协调统一标准的意义。

(2)培养初识建筑工程施工图的能力。

2. 识读本书中第三部分建筑工程施工图并完成识读记录表、成果评析阶段(课内2学时)

本阶段着重考虑和解决以下问题:

(1)建筑工程施工图的分类、编排顺序与作用。

(2)建筑物的分类、分级,房屋的构造组成及影响房屋构造的主要因素,建筑标准化和建筑模数协调统一标准的意义。

任务2 绘制建筑平面图形

本实训共设两个分任务图形,由简单到复杂,正确理解制图标准的有关规定画法以及在实际工程图样中的应用。

☆任务书☆

一、任务要求

(1)绘制图2-1所示平面几何图形和图2-2所示建筑平面图形,图中尺寸不详之处,请教师补充。

(2)图框格式正确、字体端正整齐、尺寸标注齐全、线型粗细分明、交接正确。

(3)图示内容标注齐全,图面布置适中、匀称、美观,图面整体效果好。

(4)符合国家有关制图标准。

二、实训目的

(1)正确使用绘图工具和仪器。

(2)掌握制图标准的规定和要求。

(3)掌握平面几何图形和建筑平面图形的作图方法和步骤。

(4)初步了解工程图样中建筑图形的表达与制图标准的关系。

(5)掌握作业图纸的基本要求。

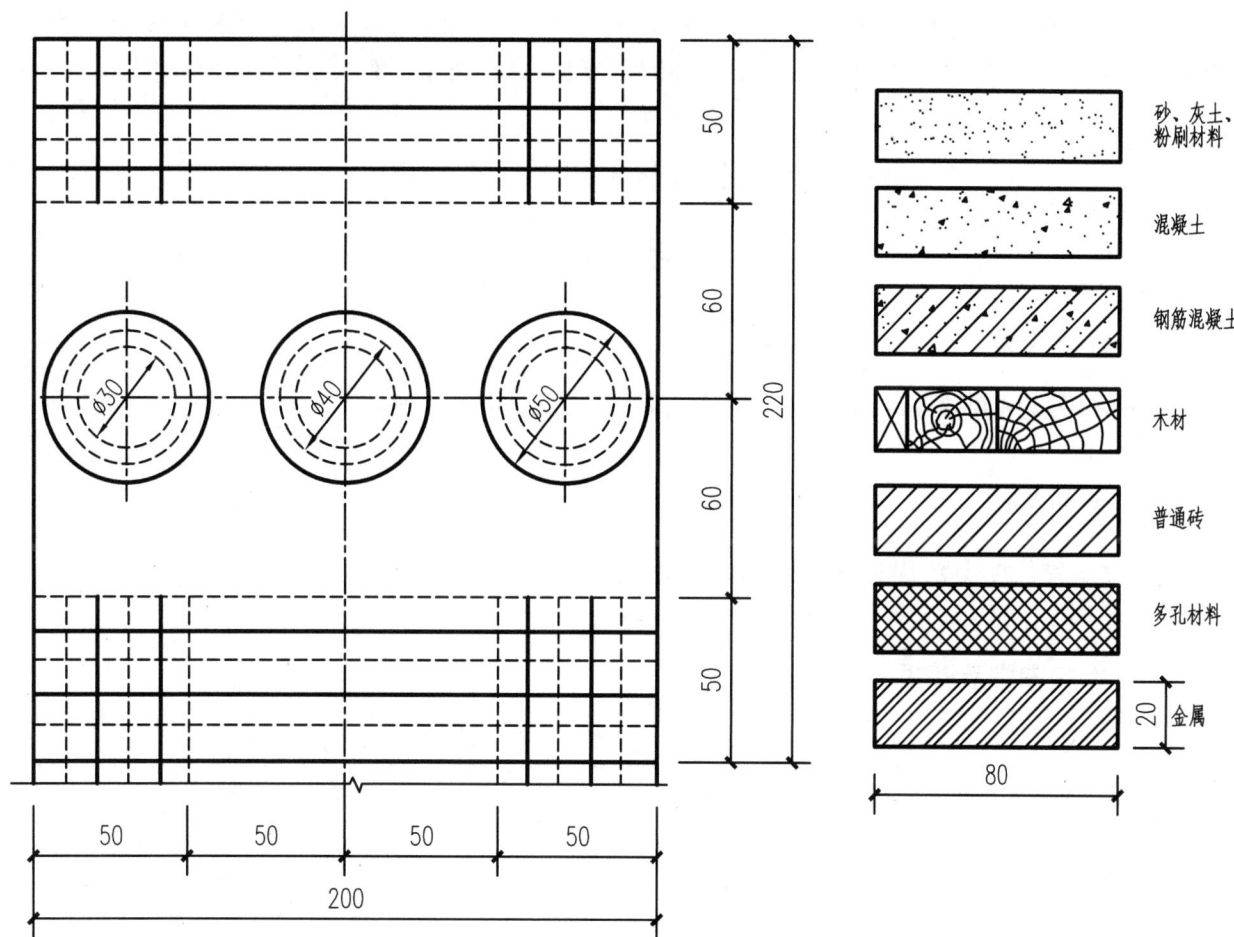

图2-1 平面几何图形

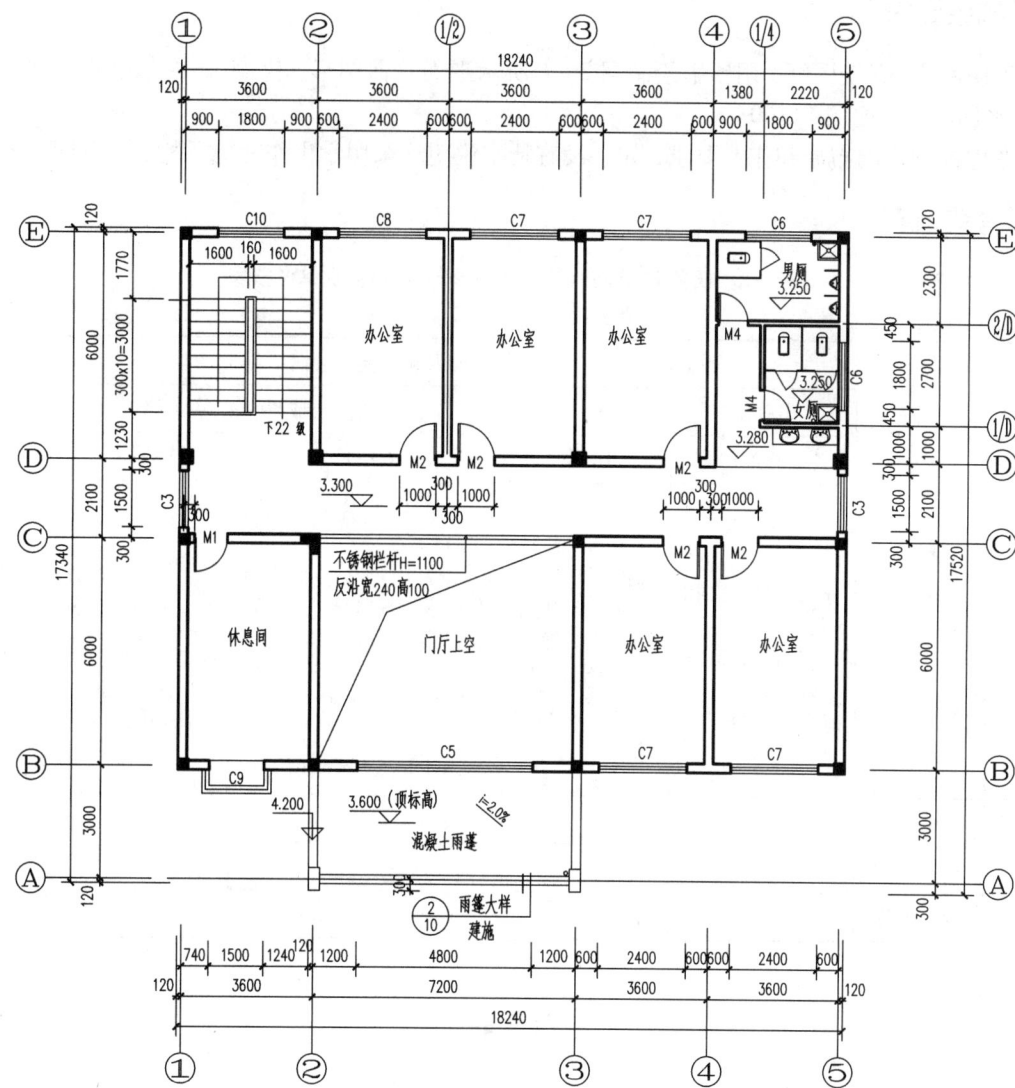

二层平面图 1:100 (本层建筑面积:261.56m²)

图2-2 建筑平面图形

三、进度安排及要求

本任务为期2周,课内共8课时(讲课4+训练4),与课内同步课外2周。

阶段	时间段	内容	课内学时	要求
前期准备阶段	1周	专题讲课、任务布置	4	了解制图标准的基本知识,掌握作图步骤和作图方法
正图绘制、成果评析阶段	1周	专教辅导成果评析	4	正确绘制平面几何图形和建筑平面图形

7

四、成果要求

(1)采用两张 A3 绘图纸,用铅笔绘制图 2-1 所示平面几何图形,比例 1:1;墨线笔绘制图 2-2 所示建筑平面图形,比例 1:100。

(2)考虑标题栏的布局和作业要求,如果没有特别说明均采用学生作业标题栏,以下同。

五、考核方案

表 2-2   任务 2"绘制建筑平面图形"专项能力训练考核表

班级＿＿＿＿＿＿＿＿＿＿   任课教师＿＿＿＿＿＿＿＿＿＿   日期＿＿＿＿＿＿＿＿＿＿

序号	学生姓名	考核方式	评价内涵及能力要求				评分	权重	成绩
			出勤率	训练表现	训练内容质量及成果	问题答辩			
			只扣分不加分	10 分	60 分	30 分			
1	×××		1. 迟到一次扣2分,旷课一次扣5分 2. 缺课 1/3 学时以上,该专项能力不记分	1. 学习态度端正(4) 2. 积极思考问题、正确使用绘图工具、动手能力强(6)	1. 满足任务书深度要求(20) 2. 符合国家有关制图标准要求(图框格式正确、线型粗细分明、字体端正整齐、尺寸标注齐全、图形按比例绘制)(30) 3. 布局适中、匀称、美观、图面表达清晰(10)	1. 解决实际存在的问题(20) 2. 结合实践、灵活运用(10)			
		学生自评						30%	
		学生互评						30%	
		教师评阅						40%	

☆指导书☆

一、教学过程设计

1. 前期准备阶段(课内 4 学时)

(1)根据实训任务,明确所绘图样的内容和要求;

(2)专题讲述制图标准要求和几何作图步骤,使学生能根据制图标准要求,正确使用工具绘制图形,了解建筑工程图样中建筑图形的表达与制图标准的关系,培养学生的动手能力和理解能力。

(3)讲解作图的基本要求、注意事项等,如布局、图框格式、图线、字体、比例、尺寸标注、线型要求等。

2. 正图绘制、成果评析阶段(课内 4 学时)

本阶段着重考虑和解决以下问题:

(1)总体要求

掌握使用仪器绘制的技巧,正确使用绘图工具和仪器。熟悉制图标准,掌握制图标准的规定和要求。学会采用适宜的比例和图幅绘图,掌握平面图形的作图方法和步骤。掌握各种线型的应用及其在工程图样中表达的含义,如图 2-2 中粗实线表达墙身轮廓线。

(2)绘图部分

1)准备好制图工具和用品,利用丁字尺和透明胶带纸,将图纸整齐地固定在图板上,确定比例和图幅,画图框格式和标题栏,根据所绘图形的大小和比例布置图面,布图应适中、匀称、美观,仔细分析所画对象,先分析图形线段及连接,确定绘制图形的先后顺序。

2)根据任务要求,绘制图 2-1 和图 2-2 所示图样。

轻画底稿 如图 2-1 图样,根据图形的布置位置,先画左边图样底稿,考虑尺寸标注的位置和要求,再画右边的图样底稿,要注意的是在画底稿时不管是实线还是虚线、不管是粗线还是细线,应用 H 或 2H 等较硬的铅笔,统一画成轻、淡、细的实线,对于图中木材纹路这一类曲线和有些重复且繁多的图线如图中图例线可不要打底稿而是一次加深画成。如图 2-2 所示图样,遵循"先主后次"的原则,即先画定位轴线、墙柱等主要轮廓线,然后画细节部分,并检查修改。

描深图纸 用 HB、B、2B 铅笔或绘图墨水笔,按照"先粗后细"即先粗实线,后细实线、点画线和虚线;"先曲后直"即先圆弧和圆,后直线段;"先水平、后垂直"即先水平线段,后垂直线段,最后倾斜线段的顺序光滑连接;线型符合标准要求:线条光滑、流畅,连接处均匀,粗、中、细对比分明,深度一致,达到黑、光、亮的效果。

尺寸与文字 加深尺寸标注线,标注尺寸(尺寸数字大小一致),注写文字说明,填写标题栏;

检查与修改 及时更正错误,确保图样质量,保证图面效果,完成全图。

二、工具材料

绘图材料和工具:绘图纸、绘图铅笔(2H、H、HB、B、2B)、绘图墨水笔(粗 0.5、中粗 0.35、中 0.25、细 0.13)、绘图板、丁字尺、三角板、圆规、建筑模板、橡皮擦、擦图片、刀片、裁纸刀、胶带纸等。

任务 3   绘制形体的三面投影图

☆任务书☆

一、任务要求

分别采用合适的比例,绘制如图 2-3 所示四个建筑形体(房屋、独立柱基础、杯形基础、台阶)的三面投影图。

二、实训目的

(1)了解投影的形成,掌握投影规律和作图的基本要求。

(2)掌握形体的三面投影图的画法及其在实际工程中的应用。

三、进度安排及要求

本任务为期 2 周,课内共 8 课时(讲课 4 + 训练 4),与课内同步课外 2 周。

阶段	时间段	内容	课内学时	要求
前期准备阶段	1 周	专题讲课、任务布置	10	了解建筑形体的空间组成及其三面投影的形成和表达方法
正图绘制、成果评析阶段	1 周	专教辅导成果评析	10	正确绘制建筑形体的三面投影图,并掌握其在实际中的应用

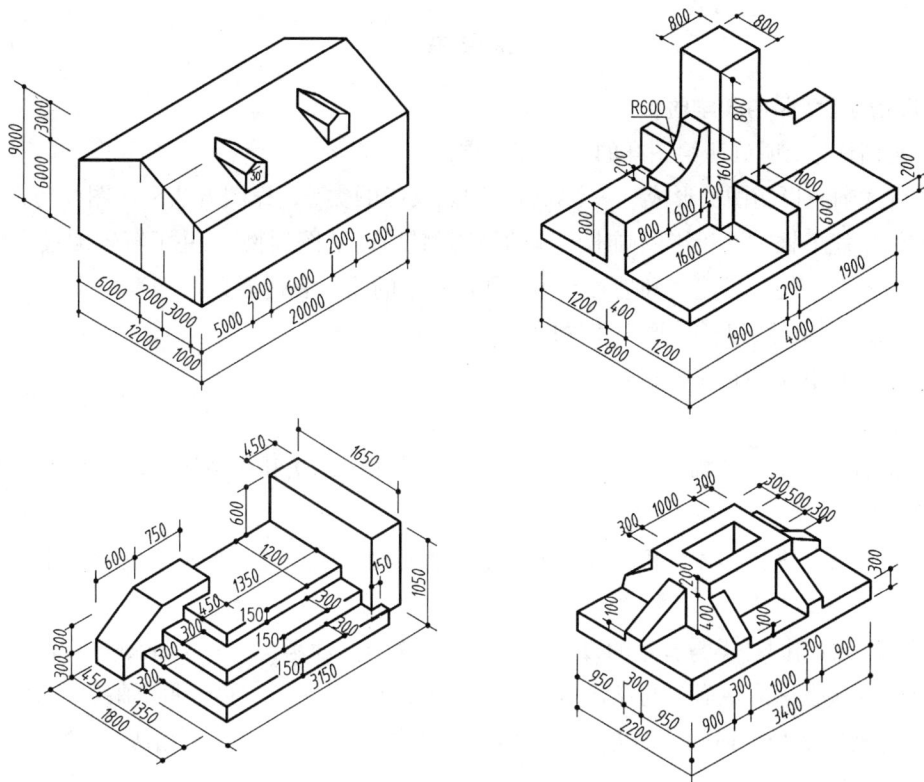

图 2-3　建筑形体的直观图

四、成果要求

采用 A3 绘图纸，选用合适的比例，绘制任务要求上所示四个建筑形体（房屋、独立柱基础、杯形基础、台阶）的三面投影图（由物至图，三面投影图）。

五、考核方案

表 2-3　任务 3"绘制形体的三面投影图"专项能力训练考核表

班级＿＿＿＿＿＿＿＿＿　　　任课教师＿＿＿＿＿＿＿＿＿　　　日期＿＿＿＿＿＿＿＿＿

序号	学生姓名	考核方式	评价内涵及能力要求				评分	权重	成绩
			出勤率	训练表现	训练内容质量及成果	问题答辩			
			只扣分不加分	10 分	60 分	30 分			
1	×××	教师评阅	1. 迟到一次扣 2 分，旷课一次扣 5 分 2. 缺课 1/3 学时以上，该专项能力不记分	1. 学习态度端正(4) 2. 积极思考问题、注重培养空间想象能力和空间思维能力、画图和读图能力，动手能力强(6)	1. 满足任务书深度要求(20) 2. 符合国家有关制图标准要求（图框格式正确、线型粗细分明、字体端正整齐、尺寸标注齐全、图形按比例绘制）(10) 3. 布图适中、匀称、美观、图面表达清晰(10) 4. 投影关系正确、图形表达符合要求，图示内容表达完善(20)	1. 解决实际存在的问题(20) 2. 结合实践、灵活运用(10)		100%	

---

1. 前期准备阶段(课内 4 学时)

(1) 根据实训任务，明确所绘图样的内容和要求；

(2) 专题讲述三面投影图的形成、投影规律、作图方法和作图技巧，讲解作图的基本要求，使学生能根据模型或直观图(轴测图)画出形体的三面图(从物到图)，了解三面投影图在实际工程中的应用，培养学生的动手能力和理解能力，具备基本的识图和作图能力。

2. 正图绘制、成果评析阶段(课内 4 学时)

本阶段着重考虑和解决以下问题：

(1) 总体要求

学会采用适宜的比例和图幅绘图，掌握三面投影图的作图方法和作图技巧及其在实际中的应用。

(2) 绘图部分

1) 分析形体的组合方式(叠加型、切割型、混合型)。

2) 确定形体的安放位置：使形体安放平稳，并符合工作位置；使形体的主要面或者说形体形状复杂而又反映形体形状特征的面平行于 V 面；使作出的投影图虚线少，图形清楚。

3) 绘制展开的三面投影轴体系。

4) 根据三面投影图的生成原理绘制形体的三面投影图。

任务 4　绘制建筑形体的轴测投影图

☆任务书☆

一、任务要求

分别采用合适的比例，根据轴测投影图的类型绘制如图 2-4 所示四个建筑形体的轴测投影图。

二、实训目的

(1) 了解轴测投影的形成及其基本特性。

(2) 掌握建筑形体的轴测投影图的表达方法及其在实际中的作用。

三、进度安排及要求

本任务为期 1.5 周，课内共 6 课时(讲课 2 + 训练 4)，与课内同步课外 1.5 周。

阶段	时间段	内容	课内学时	要求
前期准备阶段	0.5 周	专题讲课、任务布置	2	了解建筑形体的轴测投影的形成和表达方法
正图绘制、成果评析阶段	1 周	专教辅导成果评析	4	正确绘制建筑形体的轴测投影图，并掌握其在实际中的应用

四、成果要求

采用 A3 绘图纸，选用合适的比例，绘制任务要求上所示的四个建筑形体的轴测投影图（由图至物，画轴测图）。

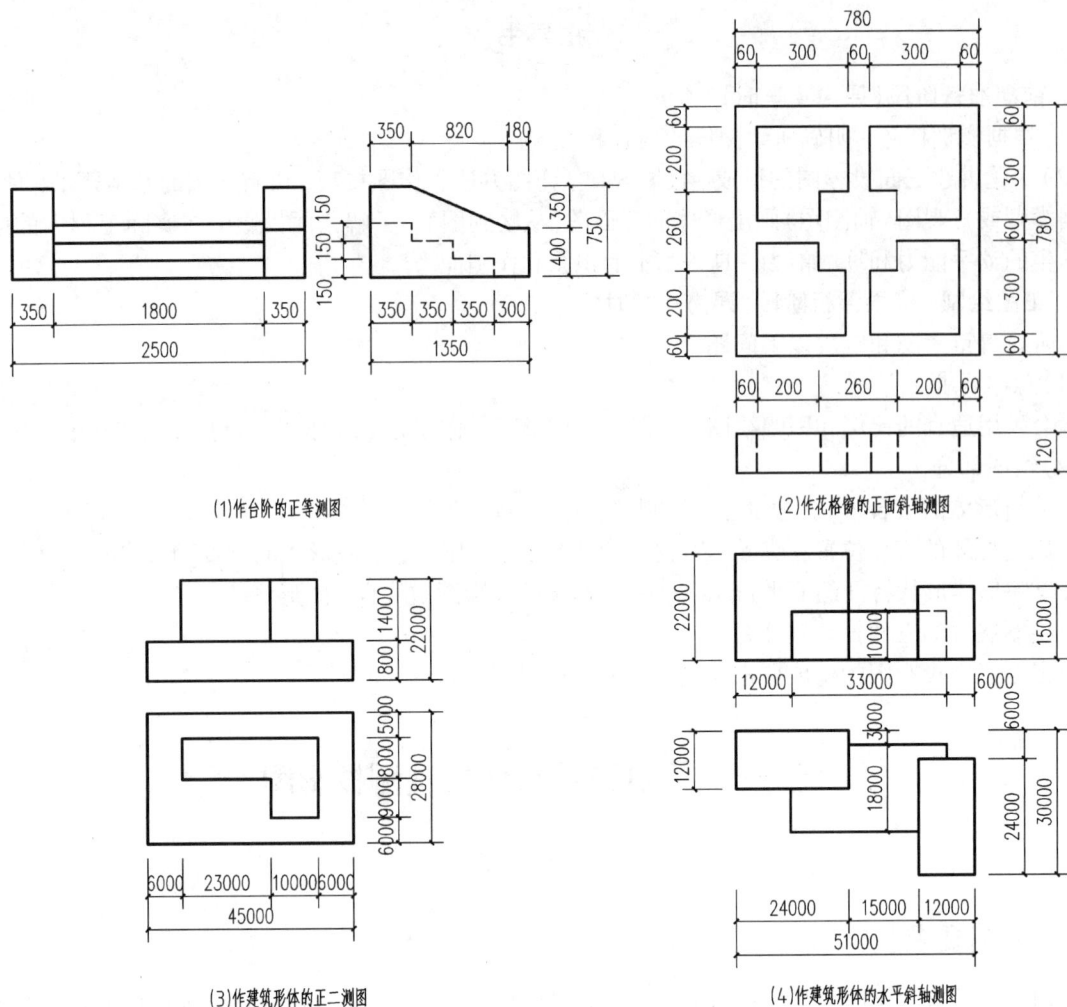

(1)作台阶的正等测图

(2)作花格窗的正面斜轴测图

(3)作建筑形体的正二测图

(4)作建筑形体的水平斜轴测图

图 2-4　建筑形体的两面投影图

表 2-4　任务 4 "绘制建筑形体的轴测投影图"专项能力训练考核表

班级＿＿＿＿＿　　　　任课教师＿＿＿＿＿　　　　日期＿＿＿＿＿

序号	学生姓名	考核方式	评价内涵及能力要求				评分	权重	成绩
			出勤率	训练表现	训练内容质量及成果	问题答辩			
			只扣分不加分	10 分	60 分	30 分			
			1. 迟到一次扣 2 分，旷课一次扣 5 分 2. 缺课 1/3 学时以上，该专项能力不记分	1. 学习态度端正(4) 2. 积极思考问题、注重培养空间想象能力和空间思维能力、画图和读图能力，动手能力强(6)	1. 满足任务书深度要求(20) 2. 符合国家有关制图标准要求(图框格式正确、线型粗细分明、字体端正整齐、尺寸标注齐全、图形按比例绘制)(10) 3. 布图适中、匀称、美观、图面表达清晰(10) 4. 投影关系正确、图形表达符合要求，图示内容表达完善(20)	1. 解决实际存在的问题(20) 2. 结合实践、灵活运用(10)			
1	×××	教师评阅						100%	

☆指导书☆

1. 前期准备阶段(课内 2 学时)

(1)根据实训任务，明确所绘图样的内容和要求；

(2)专题讲述轴测投影图的形成、基本特性、轴测投影的类型、作图方法和作图技巧，讲解作图的基本要求，使学生能根据三面投影图画出形体的轴测测投影(从图到物)，并了解轴测投影图在实际工程中的应用，培养学生的动手能力和理解能力，具备基本的图形表达能力。

2. 正图绘制、成果评析阶段(课内 4 学时)

本阶段着重考虑和解决以下问题：

(1)总体要求

学会采用适宜的比例和图幅绘图，掌握轴测投影图的作图方法和作图技巧及其在实际中的应用。

(2)绘图部分

1)读懂正投影图，进行形体分析并确定形体上的直角坐标的位置。坐标原点一般在形体的角点或对称中心上。

2)选择合适的轴测图种类与合适的投影方向(应从两个方面考虑：一是轴测图的直观性好，立体感强，且尽可能多地表达清楚形体的形状结构；二是应使作图简便)，确定轴测轴的轴向伸缩系数。

3)根据形体特征选择合适的作图方法。常用的作图方法有：坐标法、装箱法、叠加法、切割法、端面法、网格法、包络线法等。

4)画底稿。作图时应先确定形体在轴测轴上的位置，并充分利用平行投影特性作图。

5)检查底稿无误后，加深图线。为保持图形的清晰性，轴测图中的不可见轮廓线(虚线)一般不画，但为了使有些基本形体的立体感更好，也可根据需要画上虚线或阴影线。

任务 5　绘制建筑构配件的剖面图和断面图

☆任务书☆

一、任务要求

(1)作出如图所示杯形基础和建筑构配件(门、台阶、雨篷等)的剖面图。

1)选用合适的比例，采用 A4 图纸，画出如图 2-5 所示杯形基础的两面投影图，补画出杯形基础的 W 面投影图，并将其改画成半剖面图，同时画出其剖切后的正等测图。

2)选用合适的比例，采用 A4 图纸，画出如图 2-6 所示建筑构配件(门、台阶、雨篷等)的两面投影图，完成建筑构配件(门、台阶、雨篷等)的全剖面图(1—1 剖面)，同时完成 1—1 剖切后的正等测图。

(2)选用合适的比例，采用 A4 图纸，作出如图 2-7 所示梁板式楼板投影图，补画出 2—2 剖面图，并采用较大的比例 1:20 作出梁板式楼板的 3—3、4—4、5—5 断面图。

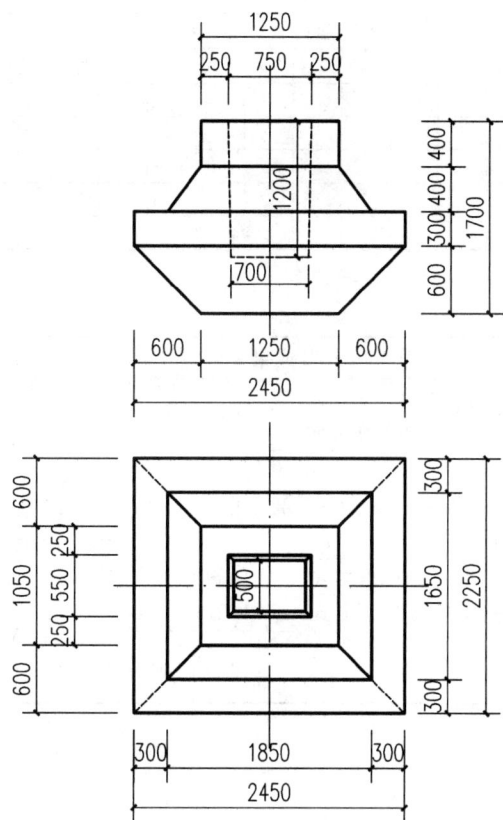

图 2-5 杯形基础

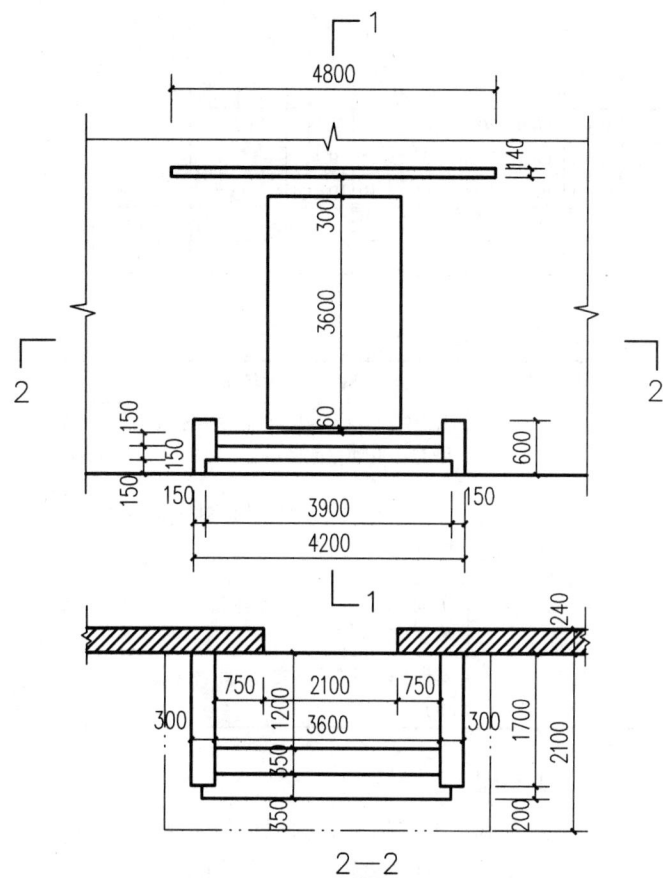

图 2-6 建筑构配件(门、台阶、雨篷等)

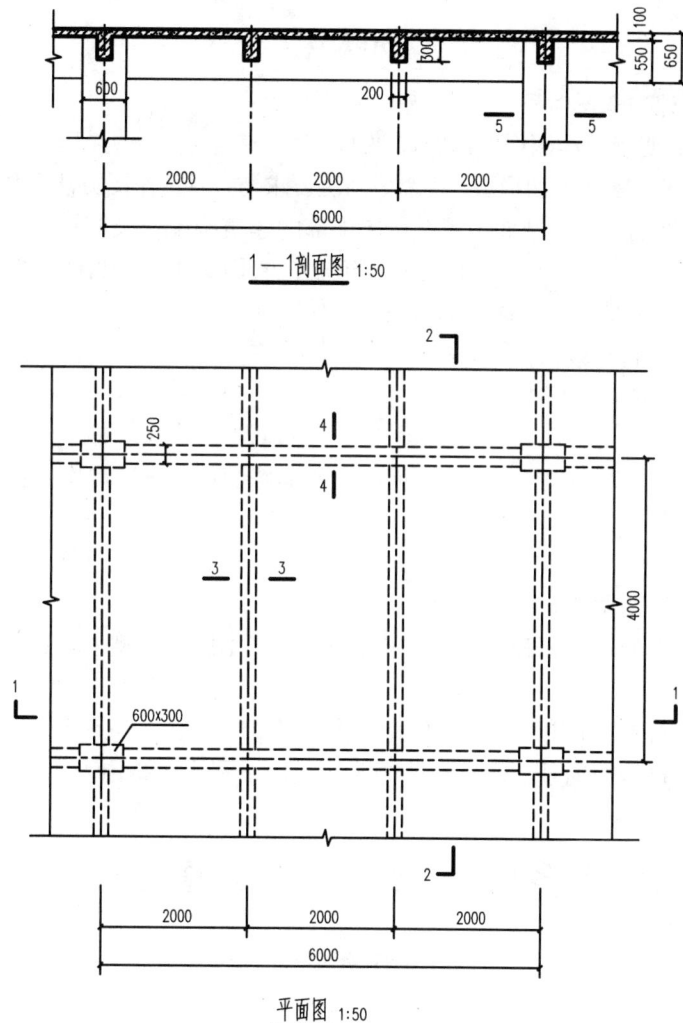

1—1剖面图 1:50

平面图 1:50

图 2-7 梁板式楼板

二、实训目的

(1)了解剖面图和断面图的形成、类型、画法要求与标注。

(2)掌握剖面图和断面图的作图方法及其在实际工程中的应用。

三、进度安排及要求

本任务为期1.5周,课内共6课时(讲课2+训练4),与课内同步课外1.5周。

阶段	时间段	内容	课内学时	要求
前期准备阶段	0.5周	专题讲课 任务布置	2	了解剖面图和断面图的形成、类型、画法要求与标注
正图绘制、成果评析阶段	1周	专教辅导 成果评析	4	正确绘制建筑构配件的剖面图和断面图,并掌握其在实际中的应用

四、成果要求

选用合适的比例,采用A4绘图纸绘制建筑构配件的剖面图和断面图共3张。

五、考核方案

表2-5 任务5"绘制建筑构件的剖面图和断面图"专项能力训练考核表

班级_____ 任课教师_____ 日期_____

序号	学生姓名	考核方式	评价内涵及能力要求				评分	权重	成绩
			出勤率	训练表现	训练内容质量及成果	问题答辩			
			只扣分不加分	10分	60分	30分			
			1. 迟到一次扣2分,旷课一次扣5分 2. 缺课1/3学时以上,该专项能力不记分	1. 学习态度端正(4) 2. 积极思考问题、注重培养空间想象能力和空间思维能力、画图和读图能力,动手能力强(6)	1. 满足任务书深度要求(20) 2. 符合国家有关制图标准要求(图框格式正确、线型粗细分明、字体端正整齐、尺寸标注齐全、图形按比例绘制)(10) 3. 布图适中、匀称、美观、图面表达清晰(10) 4. 投影关系正确、图形表达符合要求,图示内容表达完善(20)	1. 解决实际存在的问题(20) 2. 结合实践、灵活运用(10)			
1	×××	教师评阅						100%	

11

1. 前期准备阶段(课内 2 学时)

(1)根据实训任务,明确所绘图样的内容和要求;

(2)专题讲述剖面图和断面图的形成、类型、画法要求与标注、作图方法和作图技巧,讲解作图的基本要求,使学生能根据剖面图和断面图了解房屋内部的建筑构配件及其构造方式,从而了解房屋内部的门、台阶、雨篷、窗、窗台、梁、板、柱等构造组成,并了解剖面图和断面图在实际工程中的应用,培养学生的动手能力和理解能力,具备基本的识图和作图能力。

2. 正图绘制、成果评析阶段(课内 4 学时)

本阶段着重考虑和解决以下问题:

(1)总体要求

学会采用适宜的比例和图幅绘图,掌握剖面图和断面图的作图方法和作图技巧及其在实际中的应用。

(2)绘图部分

1)确定剖切平面的剖切位置和剖视方向;

2)剖面图应分清剖到的轮廓和看到的轮廓及细部,采用不同的线型表达;而断面图只画出剖到的部分;

3)根据建筑构配件材料,采用不同的图例符号表达;

4)根据剖视的剖切符号的编号,在剖面图或断面图上注写图名和比例。

任务6 识读并绘制建筑施工图

一、任务要求

(1)根据本实训指导教材中第三部分实训项目建筑施工图图样(图 3 - 5 ～图 3 - 22),进行建筑施工图的识读与绘制。

(2)任务要求及深度。

1)作业任务

①识读任务:根据建筑施工图的图示内容,识读建筑施工图,完成门窗表的识读任务表。

门窗表的识读任务表

序号	编号	洞口尺寸/mm		数量	单个面积/m²	总面积/m²	位置																
							外墙(门窗数统计)						内墙(门窗数统计)										
							240厚烧结多孔砖						240厚烧结多孔砖						120厚烧结多孔砖				
							一层	二层	三层	四层	五层	屋顶梯间	一层	二层	三层	四层	五层	一层	二层	三层	四层	五层	
1	C-1	1800	1800	68	3.24	220.32	7	15	15	15	15	1											
2	C-2	1500	1800	10	2.70	27.00																	
3	C-3	900	900	10	0.81	8.10																	
4	C-4	1800	1500	5	2.70	13.50																	

序号	编号	洞口尺寸/mm		数量	单个面积/m²	总面积/m²	位置																
							外墙(门窗数统计)						内墙(门窗数统计)										
							240厚烧结多孔砖						240厚烧结多孔砖						120厚烧结多孔砖				
							一层	二层	三层	四层	五层	屋顶梯间	一层	二层	三层	四层	五层	一层	二层	三层	四层	五层
1	M-1	1800	3000	2	5.40	10.80	2																
2	M-2	1500	2100	3	3.15	9.45																	
3	M-3	1000	2100	50	2.10	105.00																	
...																							

②图样绘制:

职业能力	实践教学内容与任务	实训操作及成果要求		
建筑施工图的识读与绘图能力	实训作业一:一层平面图(图3-10)和①～⑩轴立面图(图3-16)	A2 绘图纸立式 平面图在下面、立面图在上面	比例1:100	绘图墨水笔或铅笔绘制
	实训作业二:1—1 剖面图和Ⓐ～Ⓕ轴立面图(图3-19)	A2 绘图纸立式 Ⓐ～Ⓕ轴立面图在上面、1—1 剖面图在下面	比例1:100	
	实训作业三:楼梯详图(图3-21、图3-22)	平面详图采用 A2 绘图纸横式 剖面详图采用 A2 绘图纸立式	比例1:50/1:2/1:5	
	实训作业四:3—3 剖面图(图3-20)	A3 绘图纸立式	比例1:20	

2)作业要求

①识读正确,完成门窗表的识读任务表;

②图样绘制,图框格式正确、尺寸标注齐全、字体端正整齐、线型粗细分明、交接正确、符合标准要求;图示内容表达齐全,投影关系应正确,图面布置适中、匀称、美观,图面整体效果好。

二、实训目的

具有较强的识读建筑施工图的能力,看懂图意,能准确地绘制建筑施工图,为专业课程的后续学习奠定必须的综合素质能力和综合应用能力。

(1)能够识读建筑设计说明;

(2)能够识读和绘制建筑平、立、剖面图;

(3)能够识读和绘制绘建筑详图。

三、进度安排及要求

本任务主要完成识读任务表和图样绘制,为期 2 周,课内共 8 课时(讲课 4 + 训练 4),与课内同步课外 2 周。部分图样绘制要结合综合实训任务 I 完成。

阶段	时间段	内容	课内学时	要求
前期准备阶段	1 周	专题讲课、任务布置	4	掌握建筑施工图的识读,主要包括建筑设计说明、平、立、剖面图、建筑详图。识读时要注意识读的方法和顺序,建筑施工图的投影特性、图示方法、图示特点,要注意结合平、立、剖面图对照识读。
回答问题、正图绘制、成果评析阶段	1 周	专教辅导、成果评析	4	掌握建筑施工图的绘制步骤和绘制方法,主要包括布置图面、确定绘图比例、明确建筑制图标准及要求、掌握绘制图样的内容与要求。

四、成果要求

1. 自备作业纸完成门窗表的识读任务表；
2. 完成图样绘制中实训作业一：一层平面图和①~⑩轴立面图。

五、考核方案

表2-6　任务6"识读并绘制建筑施工图"专项能力训练考核表

班级＿＿＿＿＿＿＿　　　任课教师＿＿＿＿＿＿＿　　　日期＿＿＿＿＿＿＿

序号	学生姓名	考核方式	评价内涵及能力要求				评分	权重	成绩
			出勤率	训练表现	训练内容质量及成果	问题答辩			
			只扣分不加分	10分	60分	30分			
			1. 迟到一次扣2分，旷课一次扣5分 2. 缺课1/3学时以上，该专项能力不记分	1. 学习态度端正(4) 2. 积极思考问题、动手能力强(6)	1. 满足任务书深度要求(10) 2. 图样绘制，符合标准要求，投影关系正确，图示内容表达完善(30) 3. 对照图样，识读正确，思路清晰，完成内容完善的识读任务表(20)	1. 正确回答问题(20) 2. 结合实践，灵活运用(10)			
1	×××	学生自评						30%	
		学生互评						30%	
		教师评阅						40%	

注：本次任务仅完成建筑施工图的识读任务表和实训作业一，其他图样在综合实训Ⅰ中完成。

☆ 指导书 ☆

1. 前期准备阶段（课内4学时）

（1）根据实训任务，明确其任务内容和要求；

（2）专题讲授建筑施工图基本知识、图示方法与图示内容、识读与画图的方法与步骤；掌握建筑平、立、剖面图及建筑详图的绘图要求和绘图方法，掌握建筑施工图的作用和在实际中的应用，培养学生的动手能力和理解能力，具备建筑施工图的识读与绘图能力。

2. 识读并绘制建筑施工图的实训阶段（课内4学时）

（1）总体要求

1）识读部分：识读建筑施工图，识读正确，思路清晰，完成内容完善的识读任务表。

2）绘图部分：

①确定绘制图样的内容与数量（在保证施工质量的前提下，图样的数量尽量少）；

②选择合适的比例和图幅，画图框格式，如幅面线、图框线、标题栏，幅面线为细实线、图框线为粗实线、标题栏外框线为中粗线、标题栏内分格线为细实线；

③合理的组合与布图，尽可能的符合投影规律；

④打底稿（用H或2H铅笔绘出轻、淡、细的底稿线，要求铅笔削面锥形）绘制图样：一般是按平面、立面、剖面和详图的顺序进行；

⑤加深图线（用HB、B、2B铅笔加深、加粗图线或上墨线，要求铅笔削成扁形，铅笔图线应达到

黑、光、亮的效果）；

⑥标注尺寸（数字大小应一致），文字说明（所有字体的书写应采用工程字，并打好格子，包括标题栏内的字体）。

⑦通常，在H面上作平面图、在V面上作正立面图、在W面上作剖面或侧立面图。平、立、剖面图一般按投影关系画在同一张图纸上，以便阅读。如房屋体形较大、层数较多、图幅不够，平、立、剖面图也可以分别画在几张图纸上，但应依次连续编号。每个图样均应标注图名和比例。

（2）建筑平面图的画法步骤（以二层平面图为例），如图2-8~图2-11所示。

平面图中线型要求是：剖到的墙身用粗实线，看到的墙轮廓线、构配件轮廓线、窗洞、窗台及门扇框为中粗线，窗扇及其他细部为细实线。

1）定轴线：先定横向和纵向的最外两道轴线，再根据开间和进深尺寸定出各轴线，如图2-8所示。

2）画墙身厚度，定门窗洞位置，定门窗洞位置时，应从轴线往两边定窗间墙宽，这样门窗洞宽自然就定出来了，画楼梯、阳台等细部（如果是一层平面图则可绘出台阶、散水、明沟等细部），如图2-9所示。

3）绘尺寸标注线、轴线、定位轴线圆圈等，如图2-10所示。

4）经检查无误后，擦去多余线条，加深加粗图线或上墨线，并标注轴线编号、尺寸，门窗编号、剖切位置线及编号、图名、比例及其他文字说明，最后完成平面图，如图2-11所示。

（3）建筑立面图的画法步骤（以①~⑩轴立面图为例），如图2-12~图2-14所示。

立面图线型要求，习惯上屋脊和外轮廓线用粗实线（粗度b），室外地坪线用特粗线（粗度$1.4b$）。轮廓线内可见的墙身、门窗洞、窗台、阳台、雨篷、台阶、花池等轮廓线用中粗线，门窗格子线、栏杆、雨水管、墙面分格线为细实线。标高标注要求，应注意各标高符号的45°等腰直角三角形在同一条竖直线上。

1）定室外地坪线、外墙轮廓线（外墙轮廓线应由平面图的外墙外边线，根据长对正的原理向上投影而得）、屋面檐口线和中柱轮廓线。如为坡屋顶，屋脊线由侧立面或剖面图投影到正立面图上或根据高度尺寸而得，如图2-12所示。

2）定阳台、雨篷、门窗位置，画墙面装饰分格线、檐口线、构架线、门窗洞、窗台细部。

正立面图上门窗宽度应由平面图下方外墙的门窗宽投影得到，而门窗高度根据窗台高、门窗顶高度画出窗台线、门窗顶线等，如图2-13所示。

3）经检查无误后，擦去多余的线条，按立面图的线型要求加粗、加深图线或上墨线，画出少量门窗扇、墙面装饰线；并标注轴线、标高尺寸、图名、比例及其他文字说明，最后完成立面图，如图2-14所示。

（4）建筑剖面图的画法（以1—1剖面图为例），如图2-15、图2-16所示。

在画剖面图之前，根据平面图中剖切位置线和编号，分析所要画的剖面图哪些是剖到的，哪些是看到的，做到心中有数，有的放矢。剖面图上线型：即剖到的室外、室内地坪、墙身、楼面、屋面用粗实线，看到的门窗洞、构配件用中粗线，窗扇及其他细部用细实线。因楼面、屋面、圈梁为现浇钢筋混凝土，底层地面为素混凝土，所以图中对这些构件均为涂黑处理。

1）对照剖切位置，定剖到的墙身定位轴线、室内外地面、楼面和顶棚线、屋面水平线。根据室内外高差定出定内外地坪线，若剖面图与正立面图布置在同一张图纸内的同高位置，则室外地坪线可由正立面图投影而来，如图2-15（a）所示。

2）定墙厚、地面和楼面厚，画出天棚、屋面坡度和屋面厚度，如图2-15（b）所示。

3）定门窗、楼梯位置，画门窗、楼梯、阳台、檐口、台阶、散水、栏杆扶手、梁板等细部，如图2-16（a）所示。

(a)绘轴线

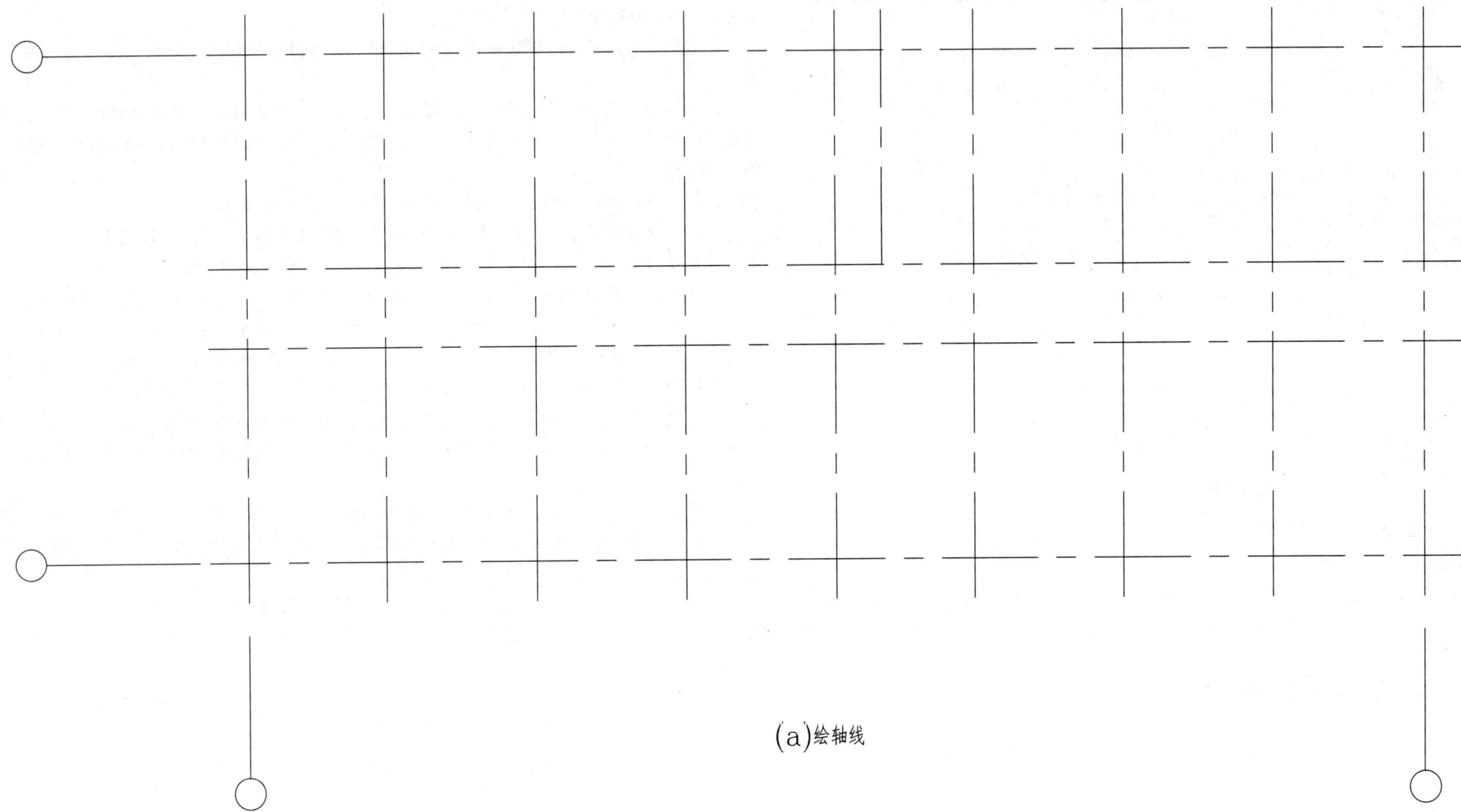

图 2-8 建筑平面图画法步骤(一)

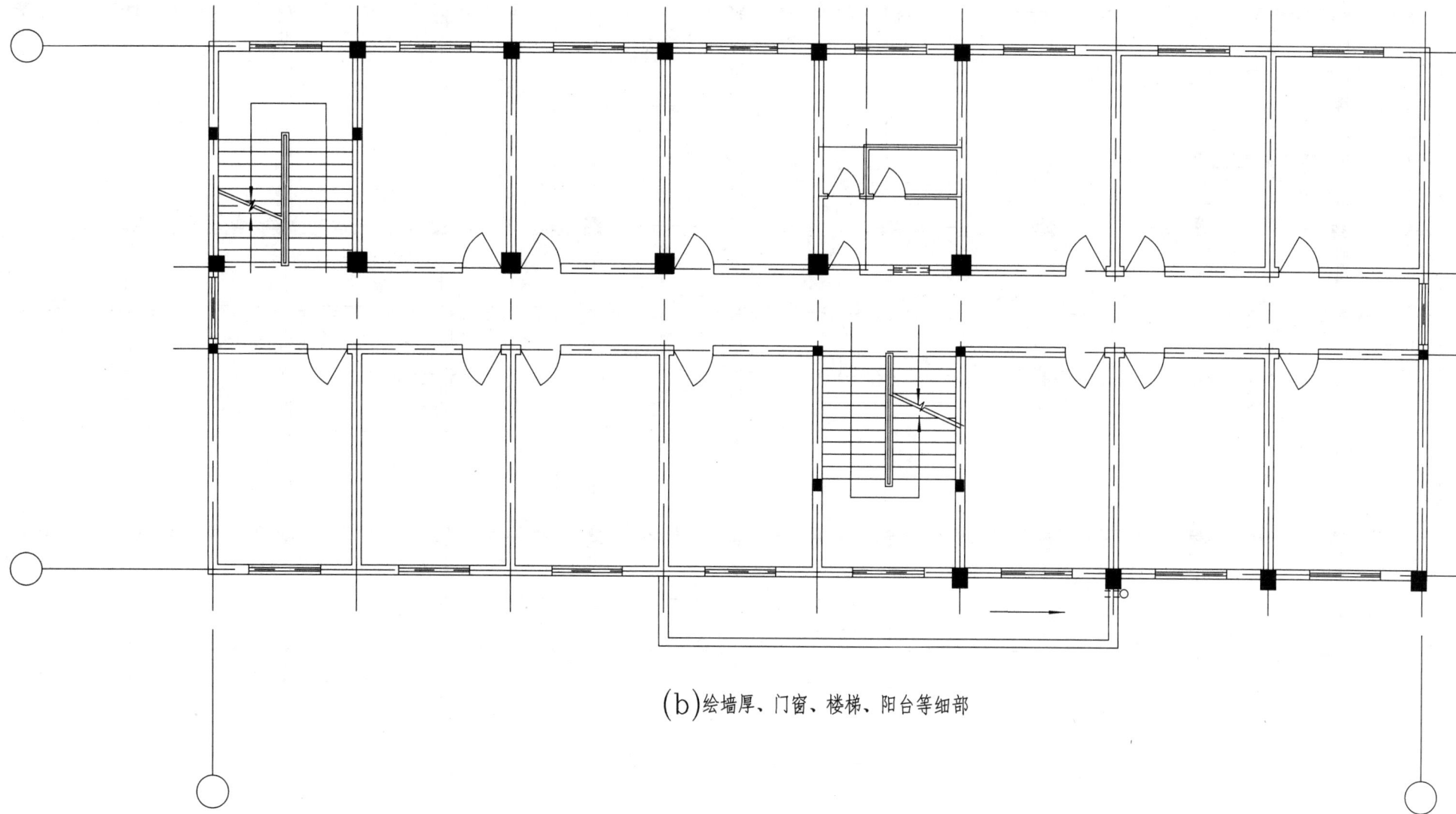

(b)绘墙厚、门窗、楼梯、阳台等细部

图 2-9　建筑平面图画法步骤(二)

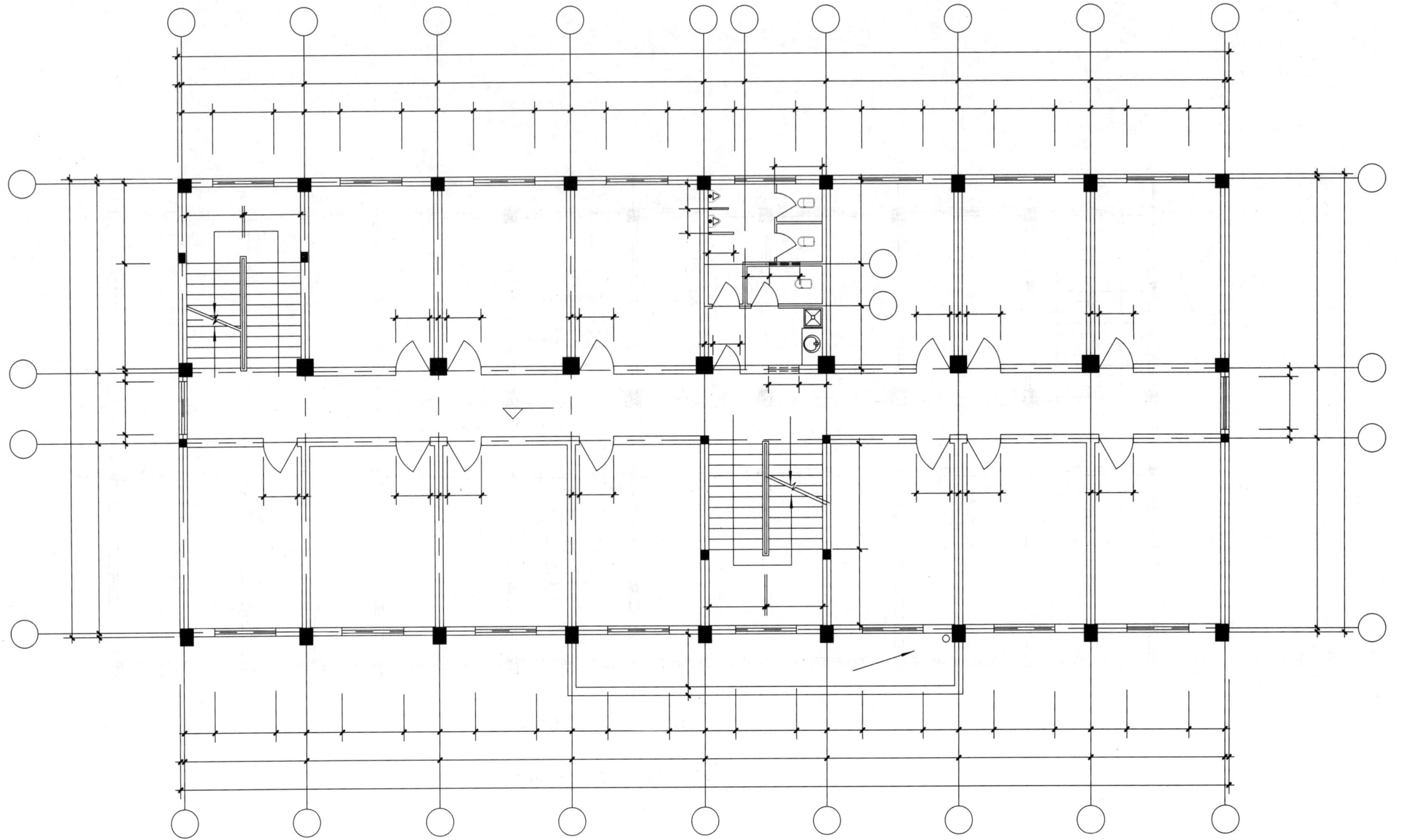

(c)绘尺寸标注线、轴线等

图 2 - 10　建筑平面图画法步骤(三)

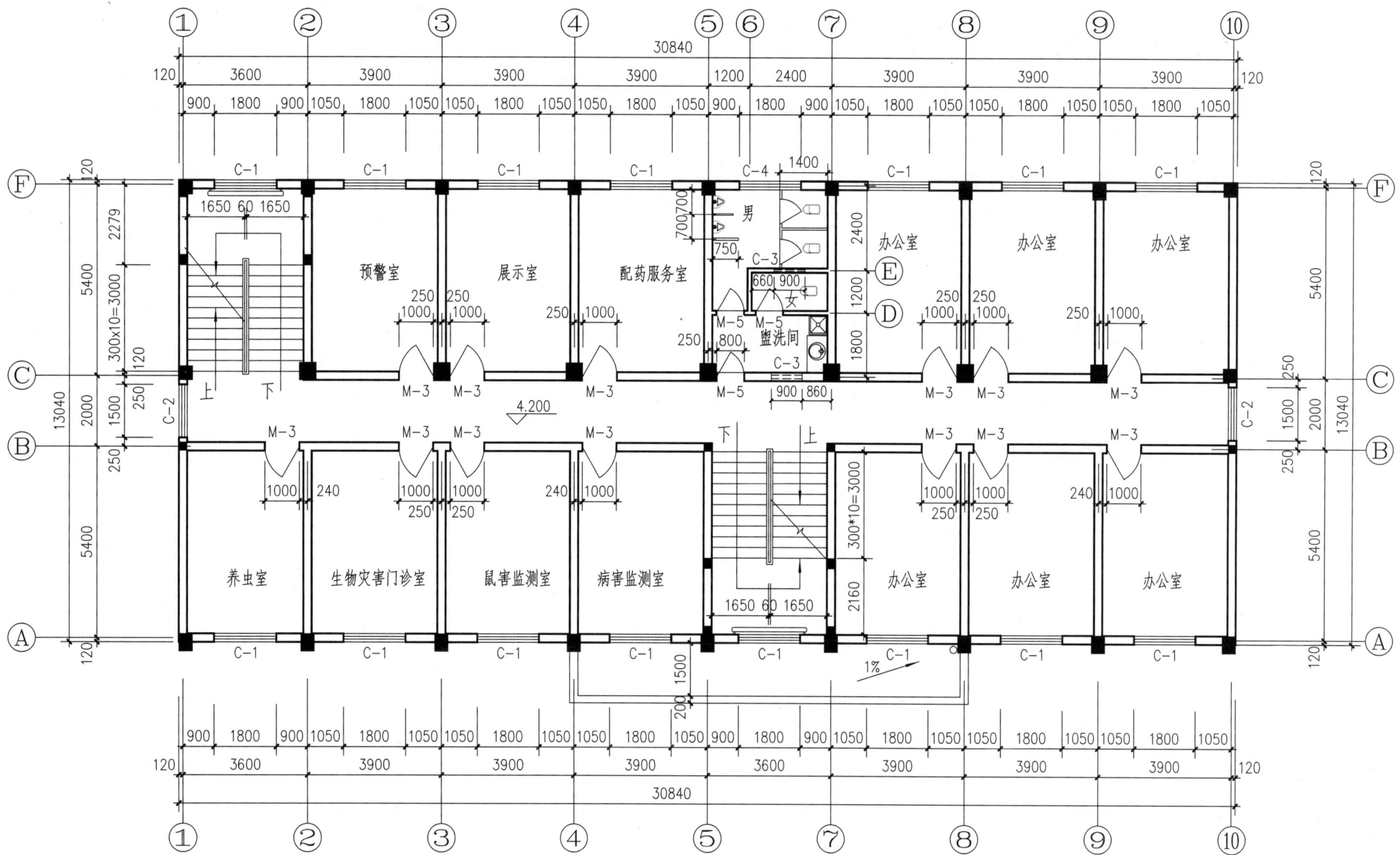

二层平面图 1:100

(d) 经检查无误后，擦去多余线条，加深加粗线型，标注尺寸，注写轴线编号及文字说明等

图 2-11 建筑平面图画法步骤（四）

17

(a)画室外地平线、外轮廓线

图2－12 建筑立面图画法步骤(一)

(b)画门窗洞、窗扇格子线、墙面装饰、构架线

图 2-13　建筑立面图画法步骤(二)

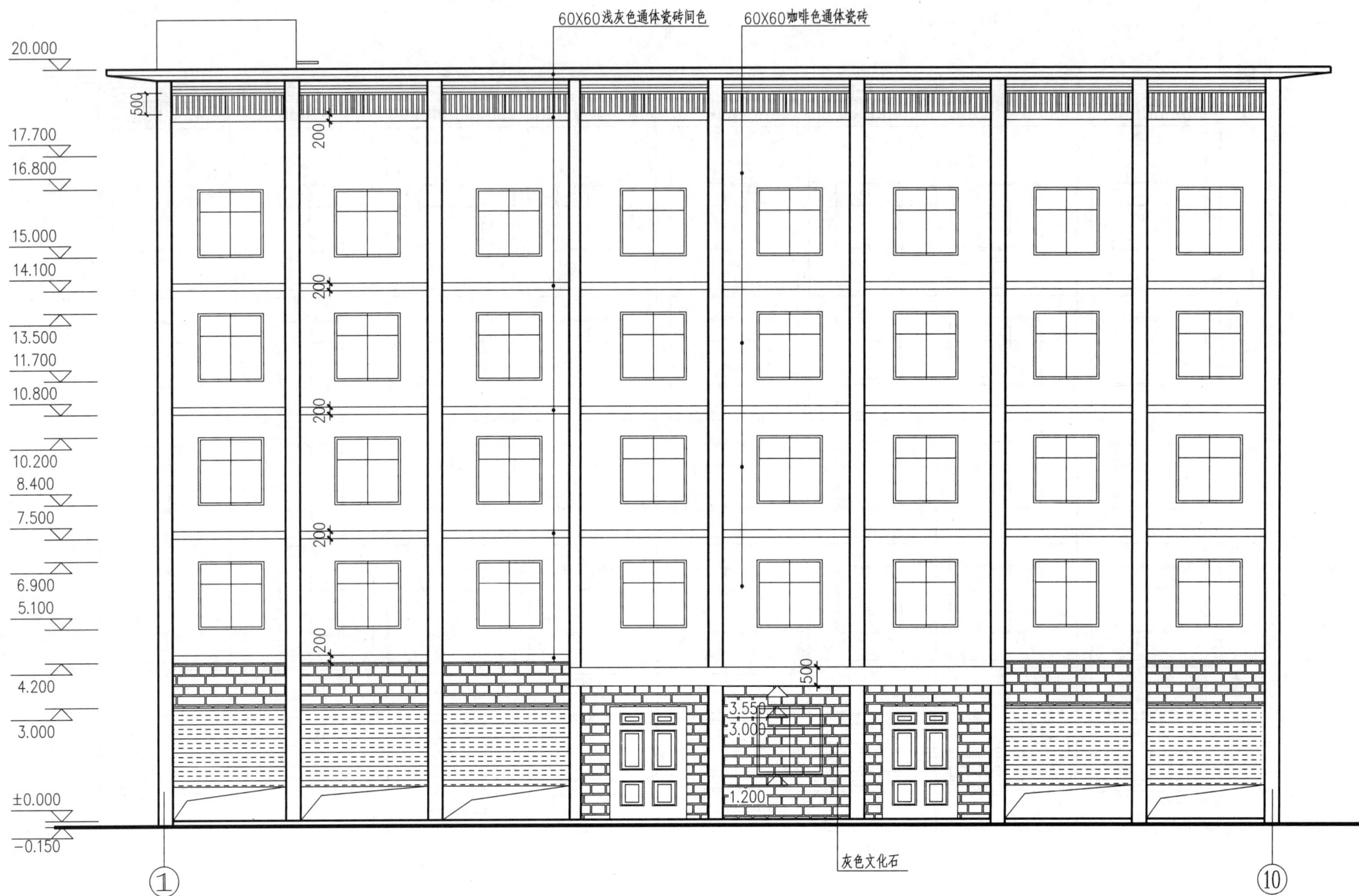

60X60浅灰色通体瓷砖间色　　60X60咖啡色通体瓷砖

灰色文化石

$\underline{①\sim⑩立面图}$ 1:100

(c)加粗加深线型、标注尺寸、注写文字等

图2-14　建筑立面图画法步骤(三)

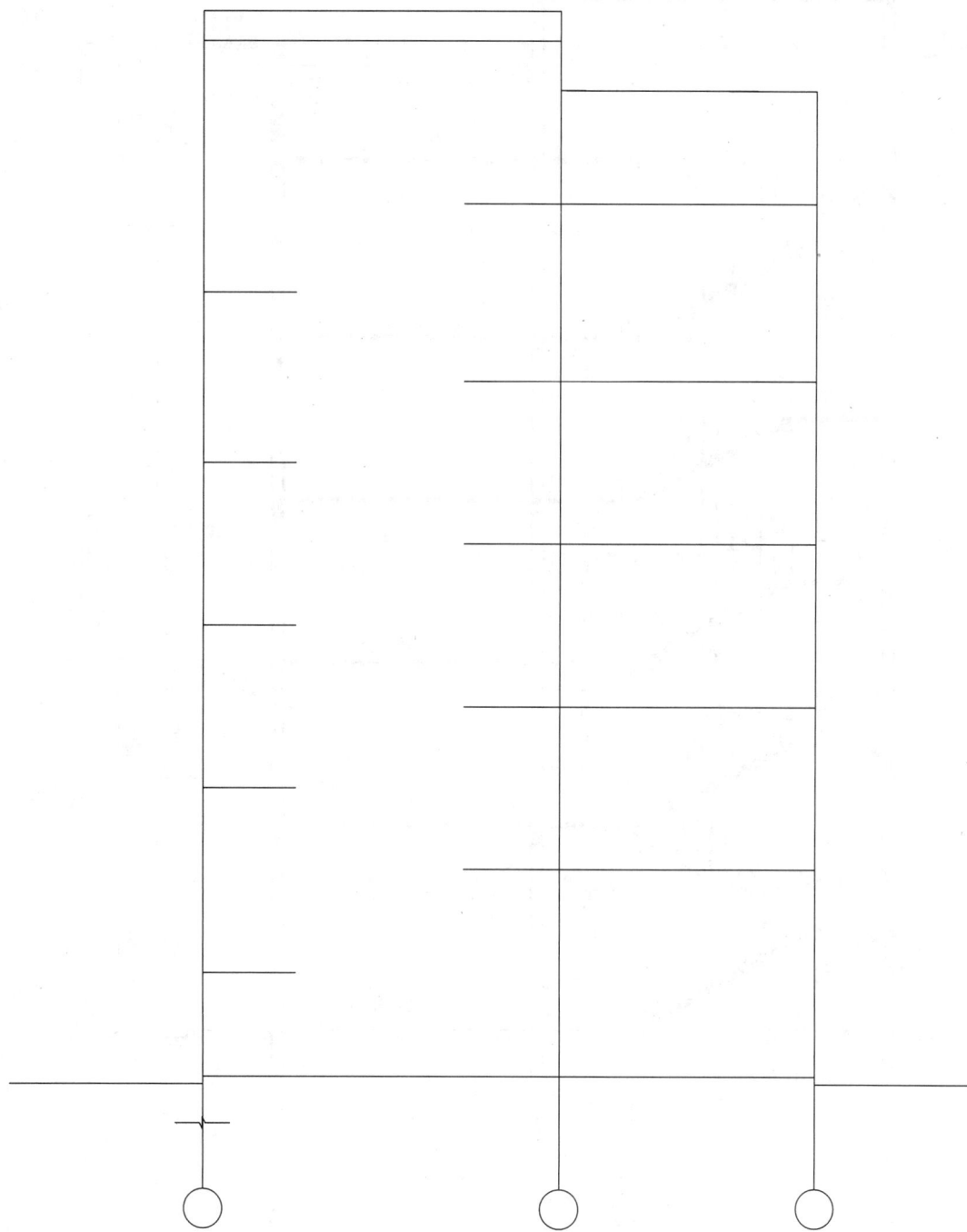

(a)对照剖切位置,定剖到的墙身定位轴线、
　　室内外地面、楼面、屋面水平线

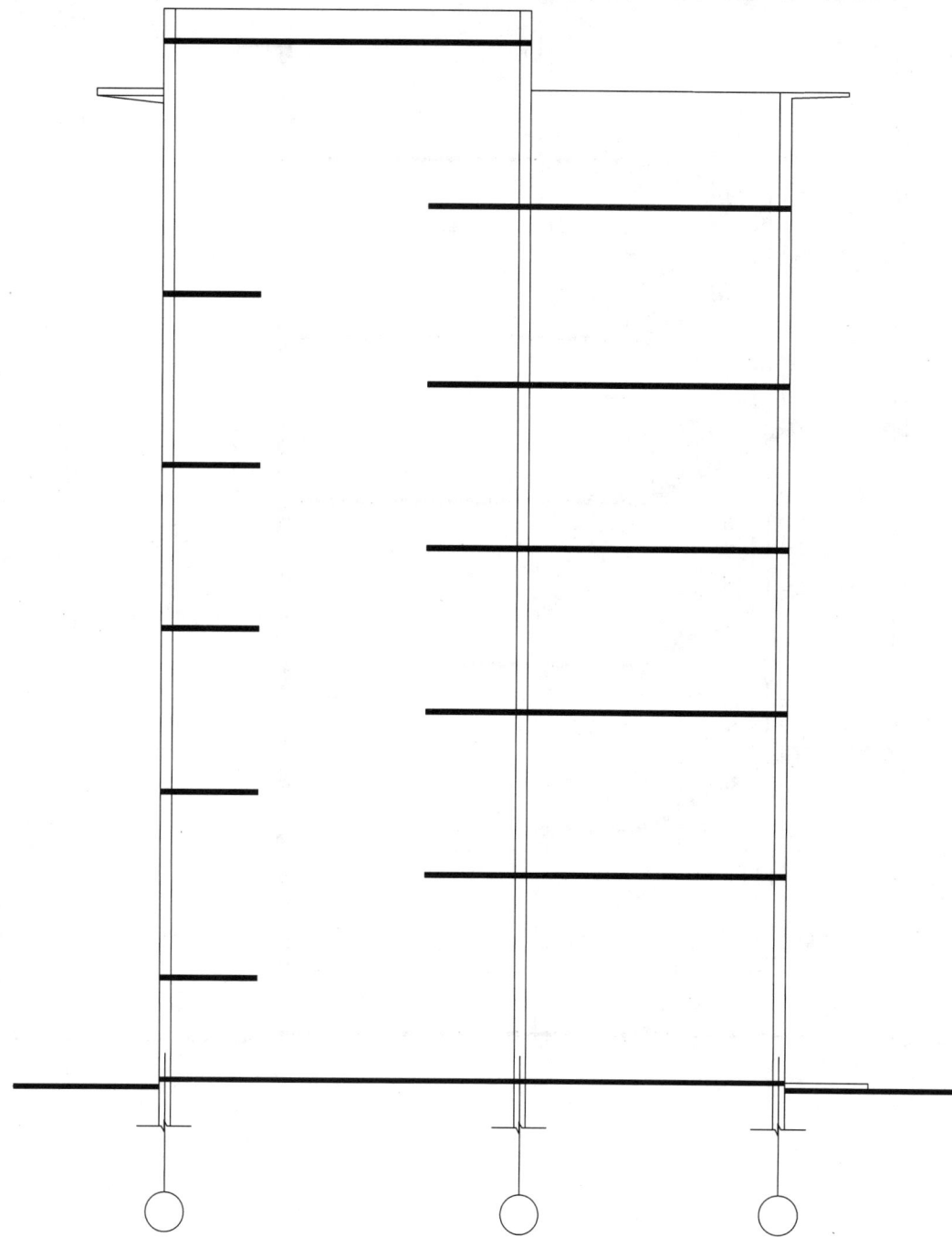

(b)定墙厚、地面和楼面厚、屋面厚度及坡度

图 2-15　建筑剖面图画法步骤(一)(二)

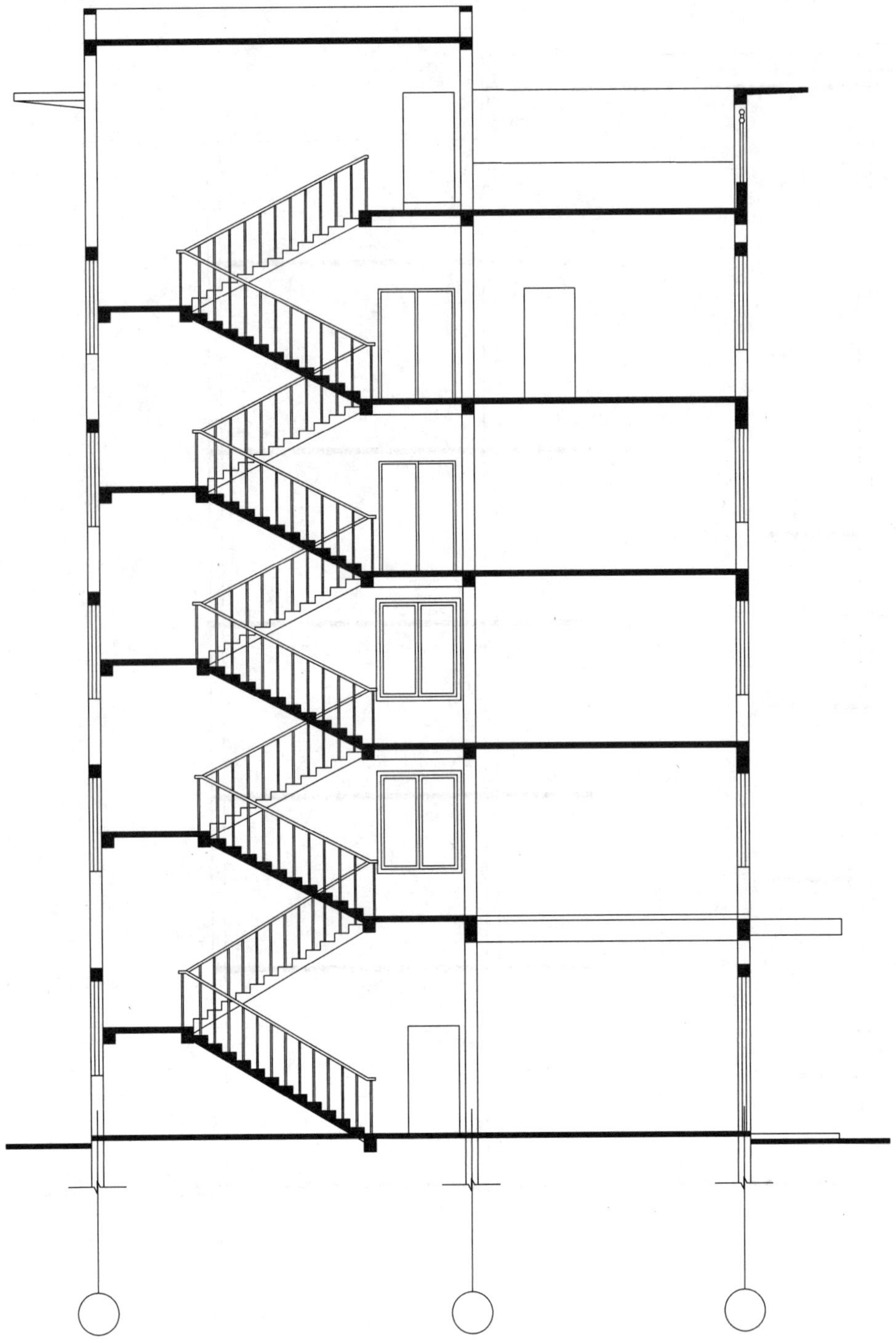

21.600

20.000

1859　300X11=3300　2000

1600
1000 600

20.000

2300

17.700

2%

1400

17.700

150X12
=1800

150X12
=1800

900 900

3600

2300

14.100

电教调控室

900 900

3600

14.100

2159
300X10=3000　2000

150X11
=1650

150X11
=1650

600 900

3300

10.800

文印室

1800

600 900

3300

10.800

150X11
=1650

150X11
=1650

1800

20150

站长室

1800

20150

7.500

600 900

3300

7.500

150X11
=1650

150X11
=1650

1800

养虫室

600 900

3300

4.200

161.5X13
=2100

1800

4.200

150X13
=2100

11ZJ401

W
12

2
37

9
38

4
39

1200

3.550

1200

4200

1200

±0.000

161.5X13
=2100

161.5X13
=2100

器械库

3000

4200

±0.000

150

1920　280X12=3360　120

150

-0.150

5400　2000　5400

-0.150

12800

F　C　B　A

1-1 剖面图 1:100

(c)画门窗、楼梯、散水、栏杆扶手、梁板等

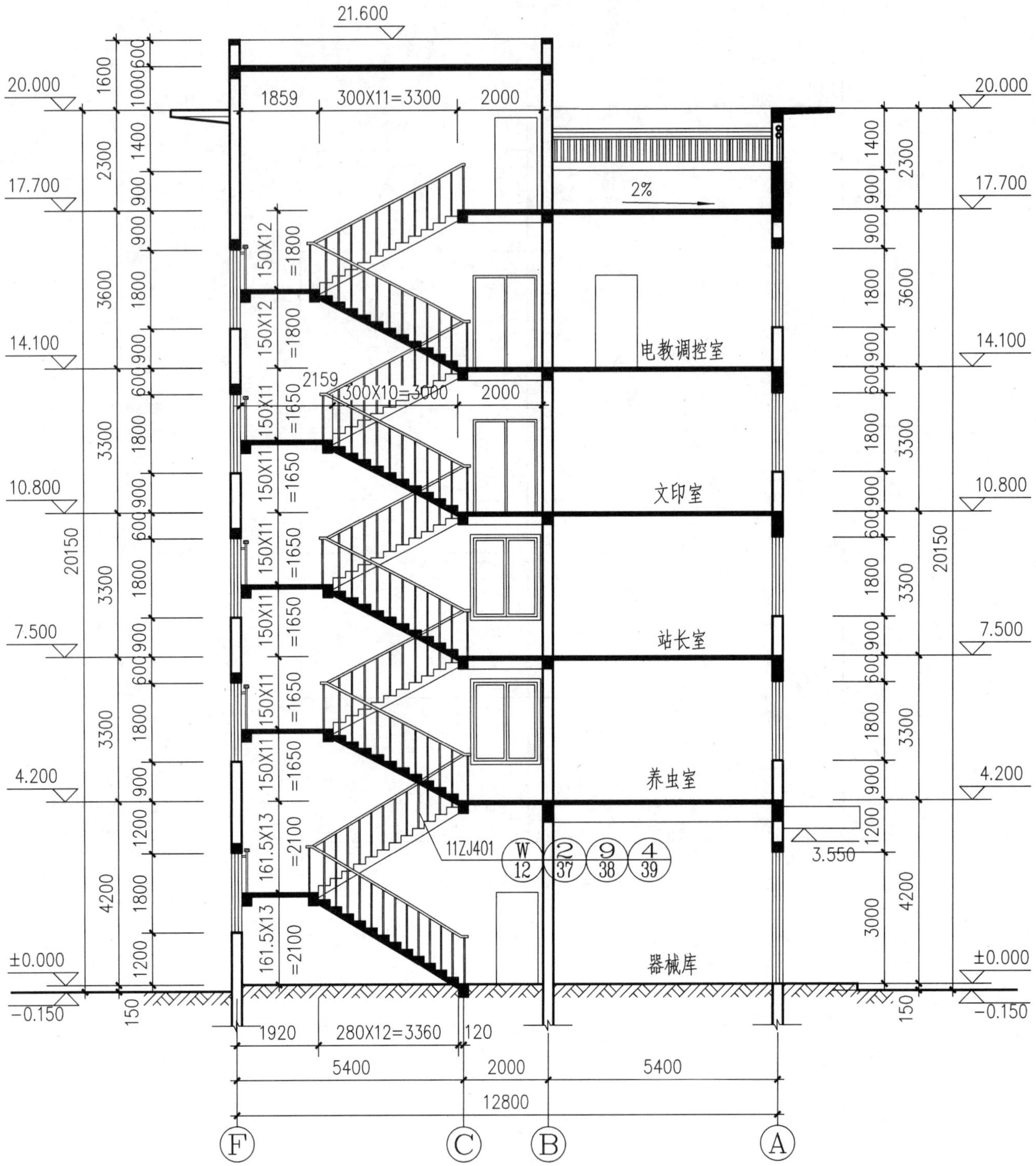

(d)加深加粗、标注尺寸、标高、轴线、文字等

图 2-16 建筑剖面图画法步骤(三)(四)

4)检查无误后,擦去多余的线条,按线型要求加深、加粗图线或上墨线。画尺寸线,标高符号并标注尺寸、标高、轴线,注写文字说明、图名和比例,完成全图,如图 2－16(b)所示。

(5)楼梯详图的画法

1)楼梯平面图的画法

①确定绘图比例,画出楼梯间的定位轴线和墙身线,定出平台宽度、楼梯段长度和宽度;

②对墙柱用材料符号进行填充,画门窗、箭头、标高符号、踏步线等;

③标注文字、尺寸、轴线编号及标高等;

④核对无误后,擦去多余线条,按线型要求加深图线。

2)楼梯剖面图的画法

①确定绘图比例,一般同楼梯平面图,画出墙身的定位轴线和室内外地面线、各层楼面、平台的位置;

②确定墙身厚度、平台厚度,用等距离的方法,画出楼梯踏步;

③画细部,如门窗、梁、栏杆、扶手等,填充材料图例;

⑤标注文字、尺寸、轴线编号及标高等;

⑤核对无误后,擦去多余线条,按线型要求加深图线。

(6)墙身节点详图的画法

1)先定定位轴线,根据墙厚画墙身轮廓线;

2)根据标高尺寸定节点位置(注意折断位置和标高尺寸);

3)根据标高尺寸确定室外地平、室内地面、楼面、屋面位置,根据构造层次和构造厚度画出楼地面和屋面,画散水、窗台、遮阳板等其他细部及粉刷层;

4)检查无误后,擦去多余的线条,按要求加深、加粗线型或上墨线。画尺寸线,标高符号并标注尺寸和文字,完成全图。

任务7 识读并绘制结构施工图

☆任务书☆

一、任务要求

(1)根据本实训指导教材中第三部分实训项目结构施工图图样(图 3－23～图 3－41),进行结构施工图的识读与绘制。

(2)任务要求及深度

1)作业任务

①识读任务:根据结构施工图的图示内容,识读结构施工图,列出结构施工图图纸目录、列出柱表相关参数并计算钢筋混凝土框架柱混凝土工程量。

结构施工图图纸目录

序号	图别	图号	图纸内容	备注
1	结施	01	结构设计总说明	
2				
3				
...				

钢筋混凝土框架柱混凝土工程量计算表

序号	名称	截面尺寸 /mm×mm	数量	对应基础及基础高度	柱高(柱基上表面至柱项标高)/m	柱混凝土计算 (截面尺寸×柱高×数量)/m³		备注
1	KZ1	400×500	1	J1/500	−1.500～20.000	0.4×0.5× 21.5×1	21.34	
			4	J2/700	−1.300～20.000	0.4×0.5× 21.3×4		
2								
3								
...								
合计				钢筋混凝土框架柱混凝土工程量				

②图样绘制:

职业能力	实践教学内容与任务	实训操作及成果要求		
结构施工图的识读与绘图能力	实训作业一:二层楼面结构布置图(图 3－30)和屋面层板配筋图(图 3－38)	A2 绘图纸立式	比例 1:100	绘图墨水笔或铅笔绘制
	实训作业二:基础梁或楼面梁或屋面梁配筋图(图 3－29、图 3－31、图 3－33、图 3－35、图 3－37、图 3－39)和梁支座及跨中处的断面图	A2 绘图纸立式 分组布置不同层梁配筋图,分配到个人完成不同梁的断面图	基本图比例 1:100,详图比例 1:20	

2)作业要求

①识读正确,完成结构施工图图纸目录和钢筋混凝土框架柱混凝土工程量计算表。

②图样绘制,图框格式正确、尺寸标注齐全、字体端正整齐、线型粗细分明、交接正确、符合标准要求;图示内容表达齐全,投影关系应正确,图面布置适中、匀称、美观,图面整体效果好。

二、实训目的

具有较强的识读结构施工图的能力,看懂图意,能准确地绘制结构施工图,为专业课程的后续学习奠定必须的综合素质能力和综合应用能力。

(1)能够识读结构设计说明;

(2)能够识读和绘制基础平面布置图、基础详图;

(3)能够识读和绘制梁、板、柱等平法施工图;

(4)能够识读和绘制结构构件详图。

三、进度安排及要求

本任务主要完成识读任务表和图样绘制,为期 2 周,课内共 8 课时(讲课 4＋训练 4),与课内同步课外 2 周。部分图样绘制要结合综合实训任务 Ⅰ 完成。

阶段	周次	内容	课内学时	要求
前期准备阶段	1周	专题讲课 任务布置	6	掌握结构施工图的识读，主要包括基础图、梁、板、柱结构平面布置图(平法施工图)、结构构件详图。识读时要注意识读的方法和顺序，即结构图的投影特性、图示方法、图示特点、常用构件的代号及图示方法、钢筋的表达形式等。还要注意与建筑施工图对照识读。
问答问题、正图绘制、成果评析阶段	1周	专教辅导 成果评析	2	掌握结构施工图的绘制步骤与绘制方法，主要包括布置图面、确定绘图比例、明确制图标准及要求、掌握绘制图样的内容和表达要求。

四、成果要求

1. 自备作业纸完成识读任务表(结构施工图图纸目录、钢筋混凝土框架柱混凝土工程量计算表)；

2. 完成图样绘制中实训作业二：基础梁或楼面梁配筋图和梁支座及跨中处的断面图。

五、考核方案

表2-7 任务7"识读并绘制结构施工图"专项能力训练考核表

班级_____ 任课教师_____ 日期_____

序号	学生姓名	考核方式	评价内涵及能力要求				评分	权重	成绩
			出勤率	训练表现	训练内容质量及成果	问题答辩			
			只扣分不加分	10分	60分	30分			
1	×××	学生自评	1. 迟到一次扣2分，旷课一次扣5分 2. 缺课1/3学时以上，该专项能力不记分	1. 学习态度端正(4) 2. 积极思考问题、动手能力强(6)	1. 满足任务书深度要求(10) 2. 图样绘制，符合标准要求，投影关系正确，图示内容表达完善(30) 3. 对照图样，识读正确，思路清晰，完成内容完善的识读任务表(20)	1. 正确回答问题(20) 2. 结合实践、灵活运用(10)		30%	
		学生互评						30%	
		教师评阅						40%	

注：本次任务仅完成结构施工图的识读任务表和实训作业二，其他图样在综合实训Ⅰ中完成。

☆指导书☆

1. 前期准备阶段(课内4学时)

(1)根据实训任务，明确其任务内容和要求；

(2)专题讲授结构施工图基本知识、图示方法与图示内容、识读与画图的方法与步骤；掌握梁、板、柱等平法施工图的绘制要求和绘图方法，掌握结构施工图的作用和在实际中的应用，培养学生的动手能力和理解能力，具备结构施工图的识读与绘图能力。

2. 识读并绘制结构施工图的实训阶段(课内4学时)

(1)总体要求

1)识读部分：识读结构施工图，识读正确，思路清晰，完成内容完善的识读任务表。

2)绘图部分：掌握结构施工图的绘制步骤与绘制方法，明确所绘图样的内容和要求，概念清晰，图样绘制，符合标准要求，投影关系正确，图示内容表达完善。

(2)钢筋混凝土楼层结构平面布置图画法步骤

1)画出定位轴线，根据开间和进深尺寸定出各轴线(方法同建筑平面图)。

2)画墙身厚度及梁、柱的轮廓线(注意：凡被板遮挡的墙、梁的轮廓线均采用细虚线表示)。

3)当为预制钢筋混凝土楼板时，画楼板的布置线，并标注板的型号及规格；当为现浇钢筋混凝土楼板并采用传统布置法时，画底板双向钢筋网和支座负筋，为图形清晰起见，每一种规格的钢筋只画出了一根为代表，并按其形状画在安放的相应位置上，同时标注其钢筋型号与规格，必要时还可以用重合断面来表示板的厚度。

4)注上轴线的编号、绘制尺寸线，标注尺寸及文字说明。经检查无误后，擦去多余的作图线，最后完成该图。

(3)柱平法施工图画法步骤

1)画定位轴线；

2)根据柱子截面尺寸，画平面图中柱的轮廓线；

3)完成柱表(采用列表法时)，完成柱截面配筋图(采用截面法时)；

4)经检查无误后，擦去多余的作图线，按线型要求加深或加粗图线，或上墨线，画尺寸标注线并注写尺寸、轴线编号、图名、比例及其他文字说明。

(4)梁平法施工图画法步骤

1)画定位轴线；

2)根据梁的宽度尺寸(见集中标柱)和柱子尺寸(见柱平法图)，画梁和柱的轮廓线；画出梁截面配筋图(采用截面法时)；

3)画集中标注引出线，进行梁的集中标柱和原位标注；

4)经检查无误后，擦去多余的作图线，按线型要求加深或加粗图线，或上墨线，画尺寸标注线并注写尺寸、轴线编号、图名、比例及其他文字说明。

(5)板平法施工图画法步骤

平面注写方式，包括板块集中标注和板支座原位标注。绘制板平法施工图的方法和要点如下：

1)画定位轴线。

2)画梁和柱的轮廓线。由梁的宽度尺寸(见梁平法图)和柱子尺寸(见柱平法图)确定。

3)确定集中标注的板块，并进行集中标注。两向均以一跨为一板块，根据板块尺寸、板厚、贯通钢筋以及当板面标高不同时的标高高差等内容编号(如LB1)，所有板块应逐一编号，相同编号的板块可择一做集中标注，其他仅注写置于圆圈内的板编号。

4)板支座原位标注。按板支座上部非贯通钢筋和悬挑板上部受力筋长度尺寸，在配置相同跨的第一跨，垂直于板支座梁绘制一段适宜长度的中粗实线代表支座上部非贯通纵筋，并在线段上方注写钢筋编号、配筋值、横向连续布置的跨数，在线段的下方位置标注板支座上部非贯通筋自支座中线向跨内的伸出长度。

5)经检查无误后，擦去多余的作图线，按线型要求加深或加粗图线，或上墨线，画尺寸标注线并注写尺寸、轴线编号、图名、比例及其他文字说明。

(6)楼梯平法施工图画法步骤

1)楼梯平面图

①画定位轴线。

②画梁和柱的轮廓线以及梯段踏步和平台梁。

③画集中标注引出线，进行楼梯的集中标注；

④画尺寸标注线、上下楼梯标注线，进行楼梯的外围标注(楼梯间和梯板的平面尺寸、上下方向、平台板配筋、梯梁及梯柱配筋等)；

⑤经检查无误后，擦去多余的作图线，按线型要求加深或加粗图线，或上墨线，注写轴线编号、图名、比例及其他文字说明。

2)楼梯剖面图

①画定位轴线。

②画楼层、平台、梯段，由楼层结构标高、层间结构标高、平台尺寸、梯段尺寸确定。因在楼梯平面图已经表达梯板等配筋和尺度，未标注标高，故只画楼梯剖面示意，表达梯段、平台板、平台梁等在空间的布置和楼层结构标高、层间结构标高

③经检查无误后，擦去多余的作图线，按线型要求加深或加粗图线，或上墨线，画尺寸标注线、标高符号并注写尺寸、标高、轴线编号、图名、比例及其他文字说明。

任务8 识读并抄绘室内给水排水施工图

☆任务书☆

一、任务要求

(1)根据本实训指导教材中第三部分实训项目给排水施工图图样(图3-42~图3-50)，按《给水排水制图标准》的规定和给排水施工图样的表达要求，进行给排水施工图的识读与绘制。

(2)任务要求及深度

1)作业任务

①识读任务：根据给水施工图的图示内容，识读施工图，完成给排水施工图的识读任务表。

给排水施工图的识读任务表

序号	任务内容	回答
1	熟悉图例，画出截止阀、止回阀、闸阀、地漏、水表、清扫口、检查口、透气球、P型存水弯、S型存水弯图例。	
2	给水系统编号有哪些？立管、横管直径为多少？横管距楼地面的高度是多少？	
3	排水系统编号有哪些？立管、横管直径为多少？横管距各层楼地面的高度是多少？横管排水坡度是多少？	
4	雨水系统编号有哪些？管径是多少？	
5	消防系统编号有哪些？管径是多少？	
6	透气球距离屋面的高度为多少？	
7	检查口距离楼地面的高度为多少？	

②图样绘制：

职业能力	实践教学内容与任务	实训操作及成果要求		
给排水施工图的识读与绘图能力	实训作业一：一层给排水平面图(图3-43)	A2绘图纸横式	比例1:100	绘图墨水笔或铅笔绘制
	实训作业二：给水、排水、雨水系统轴测图，消防给水系统原理图(图3-49、图3-50)	A2绘图纸横式	比例1:100	

2)作业要求

①识读正确，管道线路、来龙去脉走向清晰，完成给排水施工图的识读任务表；

②图样绘制，图框格式正确、尺寸标注齐全、字体端正整齐、线型粗细分明、交接正确、符合标准要求；图示内容表达齐全，图例表达正确，投影关系正确，图面布置适中、匀称、美观，图面整体效果好。

二、实训目的

具有识读给排水施工图的能力，看懂图意，能正确绘制给排水施工图，为专业课程的后续学习奠定必须的综合素质能力和综合应用能力。

(1)能够识读给排水设计说明，了解给水排水制图标准有关规定和图例符号；

(2)能够识读和绘制给排水平面图和系统轴测图，识读与理解给水排水施工图的表达方法及其在工程中的实际应用。

三、进度安排及要求

本任务主要完成识读任务表和图样绘制，为期1周，课内共4课时(讲课2+训练2)，与课内同步课外1周。部分图形绘制结合综合实训任务Ⅰ完成。

阶段	时间段	内容	课内学时	要求
前期准备阶段	0.5周	专题讲课、任务布置	2	了解给水排水制图标准有关规定和图例符号，掌握建筑给排水施工图的识读内容和识读方法，主要包括建筑给排水平面图、系统轴测图及详图。识读时要注意识读的方法和顺序，给排水施工图的图示方法、图示特点，要注意结合平面图和系统图对照识读
回答问题、正图绘制、成果评析阶段	0.5周	专教辅导、成果评析	2	掌握建筑给排水施工图的绘制步骤和绘制方法，主要包括布置图面、确定绘图比例、明确制图标准及要求、掌握绘制图样的内容与要求

四、成果要求

1. 自备作业纸完成识读任务表；

2. 完成图样绘制中实训作业一：一层给排水平面图。

五、考核方案

表 2-8　任务 8 "识读并绘制给排水施工图" 专项能力训练考核表

班级_____　　　任课教师_____　　　日期_____

序号	学生姓名	考核方式	评价内涵及能力要求				评分	权重	成绩
			出勤率	训练表现	训练内容质量及成果	问题答辩			
			只扣分不加分	10 分	60 分	30 分			
1	×××	学生自评	1. 迟到一次扣 2 分, 旷课一次扣 5 分 2. 缺课 1/3 学时以上, 该专项能力不记分	1. 学习态度端正(4) 2. 积极思考问题、动手能力强(6)	1. 满足任务书深度要求(10) 2. 图样绘制, 符合标准要求, 投影关系正确, 图示内容表达完善(30) 3. 对照图样, 识读正确, 思路清晰, 完成内容完善的识读任务表(20)	1. 正确回答问题(20) 2. 结合实践、灵活运用(10)		30%	
		学生互评						30%	
		教师评阅						40%	

注: 本次任务仅完成给排水施工图的识读任务表和实训作业一, 其他图样在综合实训 I 中完成。

☆ 指导书 ☆

1. 前期准备阶段(课内 2 学时)

(1) 根据实训任务, 明确其任务内容和要求;

(2) 专题讲授给排水施工图的基本知识、图示方法与图示内容、图例的应用、识读与画图的方法与步骤; 掌握给排水施工图的作用和在实际中的应用, 培养学生的动手能力和理解能力, 具备给排水施工图的识读与绘图能力。

2. 识读并绘制室内给排水施工图实训阶段(课内 2 学时)

(1) 总体要求

1) 识读部分: 识读给排水施工图, 识读正确, 思路清晰, 完成内容完善的识读任务表。

2) 绘图部分: 熟悉给排水制图标准及要求, 掌握建筑给排水平面图与系统轴测图的关系, 明确所绘图样的内容和要求, 掌握室内给排水施工图的绘制步骤与绘制方法, 概念清晰, 图样绘制, 符合标准要求, 投影关系正确, 图示内容表达完善。

(2) 给排水平面图上的比例与图线要求

1) 室内给排水平面布置图一般采用与房屋建筑平面图相同的比例, 重点突出管道、卫生器具、构配件等, 当只要求单独画出给水用水房间时, 比例可适当放大。

2) 用粗实线表示给水管道(包括消防管道), 用粗虚线表示排水管道, 用粗点划线表示雨水管道, 用中实线表示各种卫生器具等设备, 用细实线表示房屋建筑平面的墙身和门窗以及各种标注线等。楼地面用一短横细实线表示。

3) 相交的两根管线, 如有一根管线断开, 表明被断开的管线在没有断开管线的后面或下面, 表明两根管线在空间是交叉的。

(3) 室内给水管网平面布置图的画法

1) 画建筑平面图, 画建筑物的轮廓线、轴线号、房间名称、楼层标高、门窗、梁柱、平台和绘图比例等, 且均与建筑专业一致。

2) 画卫生器具平面图, 画必要的图例。

3) 画给水管网平面布置图, 画给水管网平面布置图是沿墙的直线连接各用水点。一般先画立管, 然后画给水管引入管, 最后按水流方向画出各干管、支管及管道附件。

4) 布置应标注的尺寸(轴线尺寸、管径等, 单位为mm)、标高(标高尺寸单位为 m)、编号和必要的文字。

(4) 给水管道系统轴测图的画法

1) 设定系统轴测图中轴测轴在图幅的适宜位置。

2) 画立管、干管和支管　从引入管开始, 画出靠近引入管的立管以及其他立管, 在立管上定出地坪、楼地面和各支管的高度, 根据水平干管的标高画出平行于各轴向的水平干管, 根据各支管的轴向, 画出与立管相连的支管。

3) 画出给水(包括消防给水)等用水设备图例符号。

4) 标注各管道的直径和标高。

(5) 室内排水管网平面布置图的画法

1) 建筑平面图、卫生器具与配水设备平面图内容、要求同给水管网平面布置图。

2) 管道平面布置

① 每条水平的排水管道通常用单线条粗虚线表示。立管用中实线空心小圆表示。

② 各种管道须按系统分别予以标志和编号。排水管以检查井承接的每一排出管为一系统。

③ 排水系统基本上为粪便污水与生活废水分流系统以及雨水排水系统。

④ 图例、说明、尺寸、标高等与给水管网平面布置图相似。

(6) 排水管网轴测图的画法

1) 轴向选择与给水管网应一致, 从排出管开始、画立管, 根据设计标高确定立管上的各地面、楼面和屋面, 再画水平干管。

2) 根据卫生器具、管道附件(如地漏、存水弯、清扫口等)的安装高度以及管道坡度确定横支管的位置。

3) 画卫生器具的存水弯、连接管, 并画管道附件, 如检查口、清扫口、通气帽等的图例符号。

4) 在适宜的位置标注管径、坡度、标高、编号以及必要的文字说明等。

综合实训 I　识读并绘制建筑工程施工图

一、说明

综合实训 I 结合任务 7、8、9 进行, 其任务书及指导书见任务 7、8、9。

二、综合实训专用周任务

职业能力	实践教学内容与任务	实训操作及成果要求	
建筑施工图的识读与绘图能力	建施01：一层平面图（图3-10）和①~⑩轴立面图（图3-16）（任务6中已经完成）	A2绘图纸立式 平面图在下面、立面图在上面	比例1:100
	建施02：1—1剖面图和Ⓐ~Ⓕ轴立面图（图3-19）	A2绘图纸立式 Ⓐ~Ⓕ轴立面图在上面、1—1剖面图在下面	比例1:100
	建施03：楼梯平面详图（图3-21） 建施04：楼梯剖面详图（图3-22）	平面详图采用A2绘图纸横式 剖面详图采用A2绘图纸立式	比例1:50/1:2/1:5
	建施05：3—3剖面图（图3-10）	A3绘图纸立式	比例1:20
结构施工图的识读与绘图能力	结施01：二层楼面结构布置图（图3-30）和屋面层板配筋图（图3-38）	A2绘图纸立式	比例1:100
	结施02：基础梁或楼面梁或屋面梁配筋图（图3-29、图3-31、图3-33、图3-35、图3-37、图3-39）和梁支座及跨中处的断面图（任务7中已经完成）	A2绘图纸立式 分组布置不同层梁配筋图，分配到个人完成不同梁的断面图	基本图比例1:100，详图比例1:20
给排水施工图的识读与绘图能力	水施01：一层给排水平面图（图3-43）（任务8中已经完成）	A2绘图纸横式	比例1:100
	水施02：给水、排水、雨水系统轴测图，消防给水系统原理图（图3-49、图3-50）	A2绘图纸横式	比例1:100

注：实训时间确定为一周，课内24学时，其余课外完成。

三、实训目的

具有综合识读和绘制建筑工程施工图（建施、结施、水施）的能力，为专业后续课程的学习奠定必须的综合素质能力和综合应用能力。

四、考核方案

表2-9 综合实训Ⅰ"识读并绘制建筑工程施工图"综合能力训练考核表

班级_____ 任课教师_____ 日期_____

序号	学生姓名	考核方式	评价内涵及能力要求				评分	权重	成绩
			出勤率	训练表现	训练内容质量及成果	问题答辩			
			只扣分不加分	10分	60分	30分			
			1.迟到一次扣2分，旷课一次扣5分 2.缺课1/3学时以上，该专项能力不记分	1.学习态度端正（4） 2.积极思考问题、动手能力强（6）	1.满足任务书深度要求（20） 2.图样绘制，尺寸标注齐全、字体端正整齐、线型粗细分明，符合标准要求，投影关系正确，图示内容表达完善（30） 3.布图适中、匀称、美观、图面表达清晰（5） 4.按顺序装订成册（5）	1.正确回答问题（20） 2.结合实践、灵活运用（10）			

（续上表）

		学生自评		30%		
1	×××	学生互评		30%		
		专家点评教师综合		40%		

注：本综合实训结合任务6、7、8进行建筑工程施工图的识读与绘制。

任务9 基础图的认知与表达

☆任务书☆

一、任务要求

1. 根据本实训指导教材中第三部分实训项目结构施工图（图3-24、图3-25），进行基础图的识读与绘制。

2. 任务要求与深度

（1）作业任务

1）识读任务：根据结构施工图的图示内容，识读基础图平面图、基础详图、设计说明等相关内容，列出基础表中相关参数并计算基础工程量。

基础土方清单工程量

序号	名称	基础垫层底面尺寸/m×m	基础埋置深度计算（基础底面标高-室外设计地面标高）/m	数量	基础土方清单[垫层底面尺寸×（埋深+垫层厚度尺寸）×数量]/m³
1	J1	2.0×2.0	2.0-0.15	4	2.0×2.0×(1.85+0.1)×4=31.2
2	J2				
3	J3				
合计					

钢筋混凝土独立基础混凝土工程量计算表

序号	名称	单个基础混凝土量（底板尺寸×高度）/m³		数量	基础混凝土计算/m³	基础垫层（垫层底面尺寸×垫层厚度×数量）/m³
		下一级	上一级			
1	J1	1.8×1.8×0.5		4	6.48	2.0×2.0×0.1×4=1.6
2	J2					
3	J3					
合计						

序号	名称	单个基础底板钢筋量/m			基础数量	钢筋(单个基础底板钢筋量×基础数量×每米重量)/kg
		钢筋编号	单根长度(底板长－保护层厚度+钢筋弯钩长度)	根数(底板长－保护层厚度)/间距+1(取整数)		
1	J1	①Φ12@150	1.8－0.05×2＝1.70	(1.8－0.05×2)/0.15+1＝13	4	(1.70×13×2)×4×(0.00617×12×12)＝44.2×4×0.888＝157
		②Φ12@150	1.8－0.05×2＝1.70	(1.08－0.05×2)/0.15+1＝13		
2	J2					
3	J3					
合计	钢筋混凝土独立基础混凝土工程量					

注：①钢筋每米重量为 0.00617×d×d(d 为钢筋直径，单位为 mm)；②当为光圆钢筋时，两端应加弯钩长度6.25d×2。

2)图样绘制：

职业能力	实践教学内容与任务	实训操作及成果要求		
基础图的认知与表达能力	实训作业：基础平面图、基础详图、基础列表、基础设计说明	A2绘图纸立式	比例1:100	绘图墨水笔或铅笔绘制

(2)作业要求

①识读正确，自备作业纸完成基础工程清单土方、混凝土和底板钢筋工程量计算表。

②图样绘制，符合标准要求，图示内容表达齐全，投影关系应正确，构造合理可行，图面布置适中、匀称、美观，图面整体效果好。

二、实训目的

(1)了解地基和基础的基本概念，掌握基础的埋置深度及影响因素。

(2)掌握基础的类型和常用基础的构造。

(3)能正确识读并绘制基础平面图和基础详图等。

三、进度安排及要求

本任务为期2周，课内共8课时(讲课4＋训练4)，与课内同步课外2周。

阶段	时间段	内容	课内学时	要求
前期准备阶段	1周	专题讲课任务布置	6	掌握基础的埋置深度及影响因素，掌握基础的类型和常用基础的构造
回答问题、正图绘制、成果评析阶段	1周	专教辅导成果评析	2	正确识读和绘制基础施工图，确定绘图比例、明确制图标准及要求、掌握绘制图样的内容和表达要求，构造合理可行

四、成果要求

(1)自备作业纸完成识读任务表(基础土方清单、混凝土、底板钢筋工程量计算表)；

(2)完成基础施工图的绘制(包括基础平面图、基础详图、基础列表、基础设计说明)。

五、考核方案

表2-10 任务9"基础图的认知与表达"专项能力训练考核表

班级＿＿＿＿＿＿＿＿＿ 任课教师＿＿＿＿＿＿＿＿＿ 日期＿＿＿＿＿＿＿＿＿

序号	学生姓名	考核方式	评价内涵及能力要求				评分	权重	成绩
			出勤率	训练表现	训练内容质量及成果	问题答辩			
			只扣分不加分	10分	60分	30分			
1	×× ×		1.迟到一次扣2分，旷课一次扣5分 2.缺课1/3学时以上，该专项能力不记分	1.学习态度端正(4) 2.积极思考问题、动手能力强(6)	1.满足任务书深度要求(20) 2.符合国家有关制图标准要求(尺寸标注齐全、字体端正整齐、线型粗细分明)(10) 3.构造合理可行、图面表达清晰、图示内容表达完善(30)	1.正确回答问题(20) 2.结合实践、灵活运用(10)			
		学生自评						30%	
		学生互评						30%	
		教师评阅						40%	

☆指导书☆

1. 前期准备阶段(课内4学时)

(1)根据实训任务，明确其任务内容和要求；

(2)专题讲授基础的类型及基础的构造知识，掌握基础施工图的绘图要求和绘图方法以及其在实际中的应用，培养学生的动手能力和理解能力，具备基础施工图的识读与绘图能力。

2. 识读并绘制基础施工图的实训阶段(课内4学时)

(1)总体要求

1)识读部分：识读基础施工图，识读正确，思路清晰，完成内容完善的识读任务表。

2)绘图部分：掌握基础施工图的绘制步骤与绘制方法，明确所绘图样的内容和要求，概念清晰，图样绘制，符合标准要求，投影关系正确，图示内容表达完善。

(2)基础图画法步骤

1)基础平面图

①画定位轴线(方法同建筑平面图)；

②根据墙体尺寸和柱子尺寸(见柱平法图)画墙身厚度及柱的轮廓线；

③根据基础详图和基础列表尺寸画基坑、基槽边线等；

④经检查无误后，擦去多余的作图线，按线型要求加深或加粗图线，或上墨线，钢筋混凝土柱用涂黑表示，墙身轮廓线用粗线绘制，基坑、基槽边线用中粗线绘制，画尺寸标注线并对基础编号，注写尺寸、轴线编号、图名、比例及其他文字说明。

2)基础详图。

①画出定位轴线。

②在混凝土基础表中任选其中某一基础数据和柱子尺寸（见柱平法图）画独立基础通用图（包括垫层、基础台阶及柱的轮廓线、钢筋线等）；根据条形基础尺寸画墙身厚度和基础垫层、大防脚等。

③完成基础设计说明和基础表格。

④经检查无误后，擦去多余的作图线，按线型要求加深或加粗图线，或上墨线，画尺寸标注线，并注写尺寸、标高、轴线编号、图名、比例及其他文字说明。注：钢筋混凝土基础中钢筋线采用粗实线绘制，其他线采用中实线或细实线绘制；条形基础详图中，室内外地平线、大放脚、基础墙身轮廓线用粗实线绘制，其他线采用细实线绘制。

任务 10　墙身剖面构造详图的认知与表达

☆任务书☆

一、任务要求

1. 根据本实训指导教材中第三部分的实训项目建筑施工图中墙身剖面详图（图 3 - 20），进行墙身剖面详图的识读与绘制。

2. 任务要求与深度

（1）作业任务

1）识读任务：结合教材墙体与门窗、楼地层和屋顶的相关内容，识读墙身剖面详图，完成识读任务表。

识读任务表

序号	节点	任务内容	
1	地面节点	防潮层构造做法	
		散水类型及构造做法	
		地面类型及构造做法	
		散水与墙身之间变形缝的构造做法	
		门窗过梁的类型	
		门的高度	
2	楼层节点	楼板的类型及楼地面的构造做法	
		窗台的类型及距地面高度	
		窗的高度	
3	屋面节点	屋面板的类型及屋面的构造做法	
		结合教材回答屋面泛水的构造做法	
		女儿墙的高度	

2）图样绘制：结合房屋构造模型或现有建筑如某教学楼等，进行房屋一、二层外墙剖面构造详图的认知与表达。

职业能力	实践教学内容与任务	实训操作及成果要求
墙身剖面构造详图的认知与表达能力	房屋一、二层外墙剖面构造详图[①楼层层高 3.6 m，室内地坪标高为 ±0.000，室内外高差 450 mm，窗台距室内地面 900 mm，窗洞高度 1500 mm，采用砖墙不悬挑窗台，窗顶设 180 厚钢筋混凝土过梁，在地面以下 - 0.600 m 处设 240×240 钢筋混凝土圈梁（不再设墙身防潮层）。②采用混合结构，砖块尺寸 240 mm×115 mm×53 mm，墙体 240 mm，承重外墙。③采用 120 mm 厚预应力钢筋混凝土楼板，板的类型由学生自己确定（中南建筑标准设计中，板厚有 120 mm、180 mm 两种，板宽有 500、600、900、1200 mm 四种，常用 120 mm 厚、500 mm 或 600 mm 宽的板）。④门窗材料及墙面装修、节能、楼地面做法、室外散水构造做法等结合现场综合考虑或自定。]	A3 绘图纸立式、比例 1:20 或 1:10、绘图墨水笔或铅笔绘制

（2）作业要求

①识读正确，自备作业纸完成识读任务表。

②图样绘制，符合标准要求，图示内容表达齐全，投影关系应正确，构造合理可行，图面布置适中、匀称、美观，图面整体效果好。

二、实训目的

墙体剖面构造详图是施工图表达的重要内容之一。通过本任务，掌握除基础、屋顶檐口外的墙身剖面构造，训练绘制和识读施工图的能力。

（1）了解墙体与门窗及节能构造的基本知识，掌握墙身剖面图中墙体与其他构造组成部分的连接方法和构造要求及常见做法；

（2）能够识读和绘制墙身剖面详图，学会在分析问题的过程中，寻求解决方案，如知识的自我完善，工程实践中的一些基本处理方案等。

三、进度安排及要求

本任务为期 2 周，课内共 8 课时（讲课 4 + 训练 4），与课内同步课外 2 周。

阶段	时间段	内容	课内学时	要求
前期准备阶段	1 周	专题讲课任务布置	4	了解墙体与门窗及节能构造的基本知识，掌握墙体的细部构造做法，掌握墙身剖面详图在施工和工程计量过程中的作用
问题回答、正图绘制、成果评析阶段	1 周	专教辅导成果评析	4	正确识读和绘制墙身剖面构造详图，确定绘图比例、明确制图标准及要求、掌握绘制图样的内容和表达要求，构造合理可行

四、成果要求

（1）自备作业纸完成识读任务表；

（2）选用合适的比例（1:10 或 1:20），采取 A3 绘图纸立式，绘制墙身剖面构造详图。

五、考核方案

表 2－11　任务 10"墙身剖面构造详图的认知与表达"专项能力训练考核表

班级＿＿＿＿＿＿　　任课教师＿＿＿＿＿＿　　日期＿＿＿＿＿＿

序号	学生姓名	考核方式	评价内涵及能力要求				评分	权重	成绩
			出勤率	训练表现	训练内容质量及成果	问题答辩			
			只扣分不加分	10分	60分	30分			
			1. 迟到一次扣2分,旷课一次扣5分 2. 缺课 1/3 学时以上,该专项能力不记分	1. 学习态度端正(4) 2. 积极思考问题、动手能力强(6)	1. 满足任务书深度要求(20) 2. 符合国家有关制图标准要求(尺寸标注齐全、字体端正整齐、线型粗细分明)(10) 3. 构造合理可行、图面表达清晰、图示内容表达完善(30)	1. 正确回答问题(20) 2. 结合实践、灵活运用(10)			
1	×××	学生自评						30%	
		学生互评						30%	
		教师评阅						40%	

☆指导书☆

1. 前期准备阶段(课内 4 学时)

(1)根据实训任务,明确其任务内容和要求;

(2)专题讲授墙体构造基本知识,了解墙体与门窗构造做法和要求;了解墙体节能的基本知识;掌握如何从建筑施工图的角度正确的表达建筑墙身剖面详图,培养学生的动手能力和理解能力,具备建筑施工图——墙身节点详图的识读与绘图能力。

2. 识读并绘制墙身剖面详图的实训阶段(课内 4 学时)

(1)总体要求

1)识读部分:识读墙身剖面详图,识读正确,思路清晰,完成内容完善的识读任务表。

2)绘图部分:结合墙身构造知识和图形表达要求,掌握墙身剖面详图的绘制步骤与绘制方法,明确所绘图样的内容和要求,概念清晰,图样绘制,符合标准要求,投影关系正确,图示内容表达完善。

(2)墙身剖面详图的画法

1)绘定位轴线及编号圆圈。

2)绘墙身、勒脚、节能、内外装修厚度,绘出材料图例符号。

3)绘水平防潮层,注明材料和作法,并注明防潮层的标高。

4)绘散水(或明沟)和室外地面,用多层构造引出线标注其材料、做法、强度等级和尺寸;标注散水宽度、坡度方向和坡度值;标注室外地面标高。注意标出散水和勒脚之间的构造处理。

5)绘室内首层地面构造,用多层构造引出线引出标注,绘踢脚板,标注室内地面标高。

6)绘室内外窗台,表明形状和饰面,标注窗台的厚度、宽度、坡度方向和坡度值;标注窗台顶面标高。

7)绘窗框轮廓线,不绘细部(也可参照图集绘窗框,其位置应正确,断面形状应准确,与内外窗

的连接应清楚)。

8)绘门窗过梁,注明尺寸和下皮标高。

9)绘楼板、楼层地面、顶棚,并用多层构造引出线引出标注,标注楼面标高。

10)标注详图图名及比例(1:10 或 1:20)。

11)根据规定,可考虑墙体节能处理。

任务 11　楼层结构图的认知与表达

☆任务书☆

一、任务要求

(1)根据本实训指导教材中第三部分实训项目楼层结构施工图图样(图 3－23~图 3－41),进行结构施工图的识读与绘制。

(2)任务要求及深度

1)作业任务

①识读任务:根据楼层结构施工图的图示内容,识读二层楼面结构布置图(图 3－30),计算预制楼板的块数,列出预制楼板统计任务表。

预制楼板统计任务表

序号	名称	块数	备注
1	YKB3651		布板原则:板侧不上墙、板端不入柱,块数计算即为布置板的净空除以板的宽度,如①~②轴房屋布板为净空尺寸(5400－240)/板宽500＝10块(取整)YKB3651,走廊布板为净空尺寸(2000－240)/板宽500＝3块(取整)YKB3652,施工时均有板缝需要处理(可调整板缝,或现浇板带等);②~③轴后面房间因②轴上有楼梯柱,应避开楼梯柱分开计算:[3240－150(TZ 的一半尺寸)－380(©轴上柱子所占尺寸)]/500＝5块(取整)YKB3691,[2160－150(TZ 的一半尺寸)－280(⑥轴上柱子所占尺寸)]/500＝3块(取整)YKB3691
2	YKB3652		
3	YKB3951		
4	YKB3951		
5	合计		

②图样绘制:

职业能力	实践教学内容与任务	实训操作及成果要求		
楼层结构图的认知与表达能力	二层楼面结构布置图(图 3－30)(①厕所现浇板和楼梯画法不改变;②布置预制板的具体数量和规格型号,布置现浇板带;③表达构造柱、雨篷板和雨篷梁详图及文字说明)	A2 绘图纸横式	比例 1:100/1:20	绘图墨水笔或铅笔绘制

2)作业要求

①识读正确,自备作业纸完成预制楼板统计任务表。

②图样绘制,符合标准要求,图示内容表达齐全,投影关系应正确,构造合理可行,图面布置适中、匀称、美观,图面整体效果好。

二、实训目的

（1）熟悉楼地层构造与楼层结构的基本知识。

（2）运用所学楼地层构造、楼层结构知识以及图例表达要求，进行钢筋混凝土楼层结构平面布置图的识读与绘制。

三、进度安排及要求

本任务为期2周，课内共8课时（讲课4＋训练4），与课内同步课外2周。

阶段	时间段	内容	课内学时	要求
前期准备阶段	1周	专题讲课 任务布置	4	熟悉楼地层构造与楼层结构的基本知识和图例表达要求，掌握楼层结构平面图在施工和工程计量过程中的作用
问题回答、正图绘制、成果评析阶段	1周	专教辅导 成果评析	4	正确识读和绘制楼层结构平面图，确定绘图比例、明确制图标准及要求、掌握绘制图样的内容和表达要求，构造合理可行

四、成果要求

（1）自备作业纸完成识读任务表；

（2）按要求完成实训指导教材中二层楼面结构布置图。

五、考核方案

表2－12　任务11"楼层结构图的认知与表达"专项能力训练考核表

班级＿＿＿＿＿＿＿＿　　任课教师＿＿＿＿＿＿＿＿　　日期＿＿＿＿＿＿＿＿

序号	学生姓名	考核方式	评价内涵及能力要求				评分	权重	成绩
			出勤率	训练表现	训练内容质量及成果	问题答辩			
			只扣分不加分	10分	60分	30分			
1	×××	学生自评	1. 迟到一次扣2分，旷课一次扣5分 2. 缺课1/3学时以上，该专项能力不记分	1. 学习态度端正(4) 2. 积极思考问题、动手能力强(6)	1. 满足任务书深度要求(20) 2. 符合国家有关制图标准要求(尺寸标注齐全、字体端正整齐、线型粗细分明)(10) 3. 构造合理可行、图面表达清晰、图示内容表达完善(30)	1. 正确回答问题(20) 2. 结合实践、灵活运用(10)		30%	
		学生互评						30%	
		教师评阅						40%	

1. 前期准备阶段（课内4学时）

（1）根据实训任务，明确其任务内容和要求；

（2）专题讲述楼地层和楼板构造的基本知识，掌握楼层结构平面布置的作用和在实际中的应用，培养学生的动手能力和理解能力，具备结构施工图的识读与绘图能力。

2. 识读并绘制楼层结构平面布置图的实训阶段（课内4学时）

（1）总体要求

1）识读部分：识读楼层结构平面布置图，识读正确，思路清晰，完成预制楼板统计任务表。

2）绘图部分：掌握楼层结构平面布置图的绘制步骤与绘制方法，明确所绘图样的内容和要求，概念清晰，图样绘制，符合标准要求，投影关系正确，图示内容表达完善。

（2）预制板在布置时应注意以下问题：

①预制板的两端必须有支承点，该支承点可以是墙，也可以是梁。

②当建筑有砌体结构时，预制板的侧边不得进墙。

③预制板的板端，不得伸入墙体内的构造柱，当遇到构造柱时，应在构造柱位置拉开设置板缝。

④当有阳台或雨罩需要楼板作为平衡条件时，与阳台（雨罩）相连部分宜局部采用现浇板和阳台（雨罩）连成整体。

⑤在一个楼板区格内，可根据情况部分采用预制板、部分采用现浇板。

⑥当楼板因使用要求需要开洞时，则不宜采用预制板，而宜采用现浇板，如厕所、浴室、厨房等部位；如有抗震或防火要求时，不宜采用预制板；高层建筑抵抗风荷载，不宜采用预制板。

⑦预制板除有固定长度尺寸外，其承载力也是固定的，故当楼层的使用荷载超过预制板的允许承载力时，则不能采用预制板，而需采用现浇板。

任务12　楼梯构造详图的认知与表达

☆任务书☆

一、任务要求

（1）根据本实训指导教材中第三部分实训项目楼梯建筑施工图（图3－21、图3－22）和楼梯结构施工图（图3－40、图3－41），进行楼梯施工图的识读与绘制。

（2）任务要求及深度

1）作业任务

①识读任务：根据楼梯建筑施工图（图3－21、图3－22）和楼梯结构施工图（图3－40、图3－41）的图示内容，完成识读任务表。

号	名称	任务内容	回答问题
1	建施图	楼梯的建筑形式	
2		楼梯梯段的宽度	
3		平台宽度	
4		楼梯井宽度	
5		楼梯栏杆扶手高度	
6		楼梯的踏步尺寸(宽×高)	
7	结施图	楼梯的结构形式	
8		楼梯梯板代号名称	TB5\TB6\TB7
9		楼梯梯板断面尺寸(梯段宽×板厚)	
10		梯段的长度和高度	
11		楼梯底板受力钢筋	
12		楼梯底板支座负筋	
13		楼梯底板分布筋	
		TZ 的尺寸和配筋	

②图样绘制:

职业能力	实践教学内容与任务	实训操作及成果要求
楼梯构造详图的认知与表达能力	楼梯详图的绘制(包括楼梯首层平面图、标准层平面图、顶层平面图、剖面图、栏杆(栏板)详图和踏步详图) 条件:某五层砖混结构住宅楼,一梯两户,楼梯间尺寸为 2700 mm×5400 mm,住宅层高为 3.0 m,墙厚240 mm,进梯间门尺寸为 1800 mm×2100 mm,楼梯间人户门和楼层间窗户尺寸分别为 1000 mm×2100 mm 和 1200 mm×1500 mm,住宅室内外高差为 1.0 m,平台梁宽 250 mm、梁高 300 mm。要求底层平台下过人通行,且该楼梯为现浇钢筋混凝土双跑板式楼梯,可假定楼梯井宽度为 100 mm,扶手宽度为 60 mm	A2 绘图纸横式 比例1:50/1:2/1:5 绘图墨水笔或铅笔绘制

2)作业要求

①识读正确,完成识读任务表。

②图样绘制,符合标准要求,图示内容表达齐全,投影关系应正确,构造合理可行,图面布置适中、匀称、美观,图面整体效果好。

二、实训目的

(1)熟悉楼梯的构造组成和楼梯的形式以及楼梯的尺度要求,掌握钢筋混凝土楼梯及楼梯的细部构造。

(2)运用所学楼梯构造的基本知识以及楼梯的画法要求,进行钢筋混凝土楼梯详图的识读与绘制。

三、进度安排及要求

本任务为期 3 周,课内共 12 课时(讲课 6 + 训练 6),与课内同步课外 3 周。

阶段	时间段	内容	课内学时	要求
前期准备阶段	1.5 周	专题讲课 任务布置	6	熟悉楼梯的构造组成和楼梯的形式以及楼梯的尺度要求,掌握钢筋混凝土楼梯及楼梯和细部构造
问题回答、正图绘制、成果评析阶段	1.5 周	专教辅导 成果评析	6	正确识读和绘制楼梯平面图、剖面图和节点详图,确定绘图比例、明确制图标准及要求、掌握绘制图样的内容和表达要求,构造合理可行

四、成果要求

(1)自备作业纸完成识读任务表;

(2)选用合适的比例,采取 A2 绘图纸横式,绘制楼梯详图。

五、考核方案

表 2 – 13　任务 12"楼梯构造详图的认知与表达"专项能力训练考核表

班级＿＿＿＿＿　　　　　任课教师＿＿＿＿＿　　　　　日期＿＿＿＿＿

序号	学生姓名	考核方式	评价内涵及能力要求				评分	权重	成绩
			出勤率	训练表现	训练内容质量及成果	问题答辩			
			只扣分不加分	10 分	60 分	30 分			
1	×××	学生自评	1. 迟到一次扣 2 分,旷课一次扣 5 分 2. 缺课 1/3 学时以上,该专项能力不记分	1. 学习态度端正(4) 2. 积极思考问题、动手能力强(6)	1. 满足任务书深度要求(20) 2. 符合国家有关制图标准要求(尺寸标注齐全、字体端正整齐、线型粗细分明)(10) 3. 构造合理可行、图面表达清晰、图示内容表达完善(30)	1. 正确回答问题(20) 2. 结合实践、灵活运用(10)		30%	
		学生互评						30%	
		教师评阅						40%	

☆指导书☆

1. 前期准备阶段(课内 6 学时)

(1)根据实训任务,明确其任务内容和要求;

(2)专题讲授楼梯的基本知识,了解楼梯的构造组成和楼梯的尺度要求,掌握常见楼梯的形式及适用范围;掌握钢筋混凝土板式楼梯和梁板式楼梯的构造特点、要求及细部构造及其在工程实际中的应用。掌握常见双跑楼梯的计算方法,并能熟练地进行表达,培养学生的动手能力和理解能力,具备施工图的识读与绘图能力。

2. 识读并绘制楼梯详图实训阶段（课内 6 学时）

（1）总体要求

1）识读部分：识读本实训指导教材中实训项目楼梯详图和楼梯结构图，识读正确，思路清晰，完成内容完善的识读任务表。

2）绘图部分：掌握楼梯详图的绘制步骤与绘制方法，明确所绘图样的内容和要求，合理地进行楼梯尺度计算，概念清晰，图样绘制，符合标准要求，投影关系正确，图示内容表达完善。

（2）楼梯设计方法步骤与楼梯详图的表达要求

1）确定楼梯结构及构造形式，根据已知条件楼梯形式为现浇钢筋混凝土双跑等跑板式楼梯。

2）确定楼梯各部分尺寸

楼梯各部分尺寸的确定根据楼梯间的开间、进深、层高，确定每层楼梯踏步的高和宽、梯段长度和宽度以及平台宽度等（注意：双跑楼梯每层踏步级数最好取偶数，使两跑踏步数相等）。

①踏步尺寸：根据建筑物的性质、楼梯的平面位置及楼梯间的尺寸确定楼梯的形式及适宜的坡度，初步确定踏步宽（b）和踏步高（h），规范规定楼梯适宜的踏步尺寸如下表：

楼梯适宜的踏步尺寸 （单位：mm）

名称	住宅	中小学校	幼儿园	办公楼	医院	剧场、会堂
踏步高（h）	150～175	120～150	120～140	140～160	120～150	130～150
踏步宽（b）	260～300	260～300	260～280	280～340	300～350	300～350

②梯段宽度：根据楼梯间开间尺寸确定梯段宽度 B（一般应不小于 1100 mm）和梯井宽度（梯井宽度为 60～200 mm，如符合要求，可假定楼梯井宽度为 100 mm，扶手宽度为 60 mm）；

③踏步级数：调整踏步高度 h 和踏步宽 b，用层高 H 除以踏步高 h，得踏步级数 $n \approx H/h$，当 n 为小数时，取整数并考虑偶数，调整踏步高 h（$h \approx H/n$），用公式 $b + h = 450$（mm）或 $b + 2h = 600～620$（mm），确定踏步宽 b。

④平台的宽度：注意平台的宽度应不小于梯段的度宽且不小于 1200 mm。

⑤梯段的长度：由踏步宽 b 及每梯段的级数 n_1（考虑等跑时，$n_1 = n/2$），确定梯段的水平投影长度 $L[L = b \times (n_1 - 1)$，每个梯段踏面数为踏步级数减 1]。

⑥净空高度：平台下净空高度应不小于 2000 mm，梯段下净空高度应不小于 2200 mm（设平台梁尺寸为 250 mm ×300 mm，现浇钢筋混凝土平台板支撑在平台梁和梯间墙体上）。

3）根据上述尺寸画出楼梯底层、标准层及顶层楼梯平面草图和楼梯剖面草图，按要求标注尺寸。

4）检查绘出的平、剖面草图，是否符合楼梯的表达要求，有无矛盾的地方，并进行调整。

5）根据调整好的平、剖面草图，按前述要求正式完成平面图、剖面图和节点详图。

①在楼梯各平面图和剖面图中绘出定位轴线，画墙身轮廓线，绘出门窗、楼梯踏步、折断线（注意折断线为一条）。以各层地面为基准标注楼梯的上、下指示箭头，并在上行指示线旁注明到上层的步数和踏步尺寸。

②在楼梯各层平面图中注明中间平台及各层地面的标高，室外地坪标高。首层平面图上要绘出室外（内）台阶、散水，注明剖面剖切线的位置及编号，剖切线应通过楼梯间的门和窗，并剖到一个梯段向另一个梯段方向投影；二层平面图应绘出雨篷。

③剖面图的内容为：楼梯的断面形式，栏杆（栏板）、扶手的形式，墙、楼板和楼层地面、顶棚、台

阶、室外地面、首层地面等。剖面图应注意剖视方向，剖面图可绘制顶层栏杆扶手，其上用折断线切断，暂不绘屋顶。

④画材料图例，注出详图索引符号。

⑤标注尺寸和标高：标注开间和进深、定位轴线至墙边的尺寸、梯段长度、平台净宽、楼梯段宽度和楼梯井宽度等线性尺寸和室内地面、室外地面、各层平台、各层地面、窗台及窗顶、门顶、雨篷上下皮等标高尺寸。

⑥详图应注出详图编号，注明材料、作法和尺寸，与详图无关的连续部分可用折断线断开。

任务 13　屋面排水与节点构造详图的认知与表达

☆任务书☆

一、任务要求

（1）根据本实训指导教材中第三部分实训项目施工图设计总说明（图 3－8）、屋顶平面图（图 3－15）、墙身剖面详图（图 3－20）、屋面层板配筋图（图 3－38）等，进行屋面平面图和节点构造详图的认知与表达。

（2）任务要求及深度

1）作业任务

①识读任务：根据施工图设计总说明、屋顶平面图、墙身剖面详图、屋面层板配筋图等图示内容，完成屋顶部分识读任务表。

识读任务表

号	名称	任务内容	回答问题
1	施工图设计总说明	屋顶的形式及屋面防水等级	
2		屋面的类型	
3		屋面的找平层、刚性防水层要求	
4		泛水高度未注明者为多少	
5		女儿墙与框架梁柱相接处处理	
6	屋顶平面图	图中虚线表达的图示内容	
7		泛水、屋面出入口泛水、高低跨泛水、屋面分格缝、水簸箕、内天沟、雨水管等索引称号（要求查阅标准图集 11ZJ201，掌握其构造做法）	
8		雨水口个数，雨水管根数	
9		屋面结构标高	
10		女儿墙带混凝土飘板标高	
11		屋面排水坡度、天沟排水坡度	
12	墙身剖面详图	屋面构造做法	
13	屋面层板配筋图	说明混凝土强度等级、板厚、板底配筋、负筋配筋、温度负筋等图示内容	

33

②图样绘制：

职业能力	实践教学内容与任务	实训操作及成果要求
屋面排水与节点构造详图的认知与表达能力	调研现有建筑如教学楼，或结合综合实训Ⅱ分任务1(图2-19)，绘制屋顶平面图及屋面节点详图(刚性防水屋面)。 图样要求及深度：①屋顶平面图应画出各坡面交线、女儿墙、天沟、雨水口、屋面出入口等，刚性防水屋面应画出纵横分格缝。标注屋面和天沟内的排水方向和坡度大小，标注屋面出入口等突出屋面部分的有关尺寸，标注屋面标高(结构上表面标高)。标注主要定位轴线和编号。标注详图索引符号，并注明图名和比例。②画出女儿墙檐口构造、泛水构造(标注屋顶构造做法)、雨水口构造、屋面出入口、刚性防水屋面分格缝构造等节点构造详图中的两个，其他用标准图集索引。	A2绘图纸横式，比例1:100/1:20，绘图墨水笔或铅笔绘制

2)作业要求

①识读正确，自备作业纸完成识读任务表。

②图样绘制，符合标准要求，图示内容表达齐全，投影关系应正确，构造合理可行，图面布置适中、匀称、美观，图面整体效果好。

二、实训目的

屋面防水排水及节点构造图是表达屋面构造施工图的重要内容之一。通过本任务，要求学生掌握屋顶防排水及屋顶构造节点详图表达方法，训练绘制和识读施工图的能力。

(1)了解屋顶构造的基本知识、屋面排水、屋面防水及屋面保温隔热的主要内容。

(2)掌握卷材防水屋面、刚性防水屋面的构造做法及细部构造做法(如泛水构造、刚性防水屋面分格缝设置原则及构造等)。

(3)运用所学屋面构造的基本知识以及屋顶平面图和构造详图的表达要求，进行屋顶平面图和节点构造详图的识读与绘制。

三、进度安排及要求

本任务为期3周，课内共12课时(讲课6+训练6)，与课内同步课外3周。

阶段	时间段	内容	课内学时	要求
前期准备阶段	1.5周	专题讲课任务布置	6	了解屋顶构造的基本知识，掌握卷材防水屋面、刚性防水屋面的构造做法及细部构造。
问题回答、正图绘制、成果评析阶段	1.5周	专教辅导成果评析	6	正确识读和绘制屋顶平面图和屋面节点详图，确定绘图比例、明确制图标准及要求、掌握绘制图样的内容和表达要求，构造合理可行。

四、成果要求

(1)自备作业纸完成识读任务表；

(2)选用合适的比例，采取A2绘图纸立式，绘制屋顶平面图和屋面节点详图。

五、考核方案

表2-14 任务13"屋面排水与节点构造详图的认知与表达"专项能力训练考核表

班级＿＿＿＿＿＿＿＿ 任课教师＿＿＿＿＿＿＿＿ 日期＿＿＿＿＿＿＿＿

序号	学生姓名	考核方式	评价内涵及能力要求				评分	权重	成绩
			出勤率	训练表现	训练内容质量及成果	问题答辩			
			只扣分不加分	10分	60分	30分			
1	×××	学生自评	1. 迟到一次扣2分，旷课一次扣5分 2. 缺课1/3学时以上，该专项能力不记分	1. 学习态度端正(4) 2. 积极思考问题、动手能力强(6)	1. 满足任务书深度要求(20) 2. 符合国家有关制图标准要求(尺寸标注齐全、字体端正整齐、线型粗细分明)(10) 3. 构造合理可行、图面表达清晰、图示内容表达完善(30)	1. 正确回答问题(20) 2. 结合实践、灵活运用(10)		30%	
		学生互评						30%	
		教师评阅						40%	

☆ 指导书 ☆

1. 前期准备阶段(课内6学时)

(1)根据实训任务，明确其任务内容和要求；

(2)专题讲授屋顶构造的基本知识，了解屋顶的类型、屋面排水与屋面防水和屋面保温隔热要求。掌握卷材防水屋面、刚性防水屋面的构造做法及其在工程实际中的应用。掌握屋顶平面图和节点构造详图的绘图要求和绘图方法，培养学生的动手能力和理解能力，具备屋顶施工图的识读与绘图能力。

2. 识读并绘制屋顶平面图和节点构造详图实训阶段(课内6学时)

(1)总体要求

1)识读部分：识读本实训指导教材中实训项目屋顶施工图，识读正确，思路清晰，完成内容完善的识读任务表。

2)绘图部分：掌握屋顶平面图和节点构造详图的绘制步骤与绘制方法，明确所绘图样的内容和要求，合理选择排水方式和防水类型，概念清晰，图样绘制，符合标准要求，投影关系正确，图示内容表达完善。

(2)屋面排水设计方法与步骤

1)确定屋面坡度的形成方法和坡度大小

屋面坡度形成的办法有材料找坡和结构找坡两种。在民用建筑中，由于跨度一般都不大，除坡屋面和一些室内使用要求不高的建筑外一般均采用材料找坡。屋面找坡可以做四坡水或者二坡水。

屋面的排水坡度的大小与防水材料类型，年降雨量大小和其他使用要求有关。一般而言，当平屋面采用结构找坡时，坡度宜为3%；当平屋面采用材料找坡时，坡度宜为2%。

2)确定排水方式,划分排水区域

①确定排水方式:屋面排水方式分为有组织排水和无组织排水两类。屋面排水方式与年降雨量和檐口高度有关。

有组织排水广泛应用于多层及高层建筑、高标准低层建筑、临街建筑及严寒地区的建筑。有组织排水通常有外排水及内排水之分。内排水多用于多跨房屋、高层建筑以及有特殊需要的建筑,其他建筑宜优先考虑采用外排水方式。

②划分排水区域:排水区域划分应尽可能规整,面积大小应相当,以保证每个水落管排水面积负荷相当,以保证屋面排水通畅,防止屋面雨水积蓄。并考虑雨水口设置位置,雨水口间距一般不超过18 m,雨水口设置位置要注意尽量避开门窗洞口和入口的垂直上方位置,一般设置在窗间墙部位,当采用挑檐天沟时在结构构造中同时要考虑伸缩缝的间距不超过12 m的要求。

3)确定檐沟的断面形状、尺寸以及檐沟的坡度

多层建筑檐沟一般采用出墙面的外挑形式,在确定断面形状时要考虑到檐沟对立面效果的影响。采用外檐沟时,檐沟外壁高度一般在200～300 mm(受建筑立面效果影响高度尺寸会较大),檐沟分水线处最小深度不小于120 mm,檐沟净宽不小于200 mm,檐沟纵向坡度不应小于1%,用石灰炉渣等轻质材料垫置起坡。

4)确定水落管所用材料、口径大小

水落管管材通常采用UPVC排水管,选择水落管管径时,应根据汇水面积确定,一根水落管最大汇水面积宜小于200 m²,一般选用110 mm管径的水落管。

任务14 单层工业厂房建筑构造的认知与表达

☆任务书☆

一、任务要求

1. 结合现行工业建筑以单层工业厂房构造和工业建筑施工图为例进行单层工业厂房的实地参观和工业建筑施工图的绘制。

2. 任务要求及深度

(1)作业任务

1)参观实习:参观某单层工业厂房建筑,将理论与实际相结合,撰写参观实习报告。

2)图样绘制:

职业能力	实践教学内容与任务	实训操作及成果要求
单层工业厂房建筑构造的认知与表达能力	单层工业厂房建筑平面布置图和节点详图 条件:如图2-17所示为某金工装配车间(全装配式单层排架结构,排架柱和抗风柱均采用矩形柱),共两跨,分别为12 m跨和18 m跨,柱距为6 m,室内地面标高±0.000 m,室外地坪标高-0.150 m,采用封闭结合,中间设伸缩缝。排架柱下柱截面尺寸为400×800,柱顶标高(H₁)分别为6.6 m、8.4 m,抗风柱下柱截面尺寸为400×600,外围护结构采用厚度为240的砖墙;吊车两台,起重量分别为10 t、20 t/5 t。屋架、屋面板分别采用折线型预应力钢筋混凝土屋架或预应力钢筋混凝土屋面大梁和大型屋面板,采用有组织排水方式和柔性防水屋面	A2绘图纸横式 比例1:200/1:20 绘图墨水笔或铅笔绘制

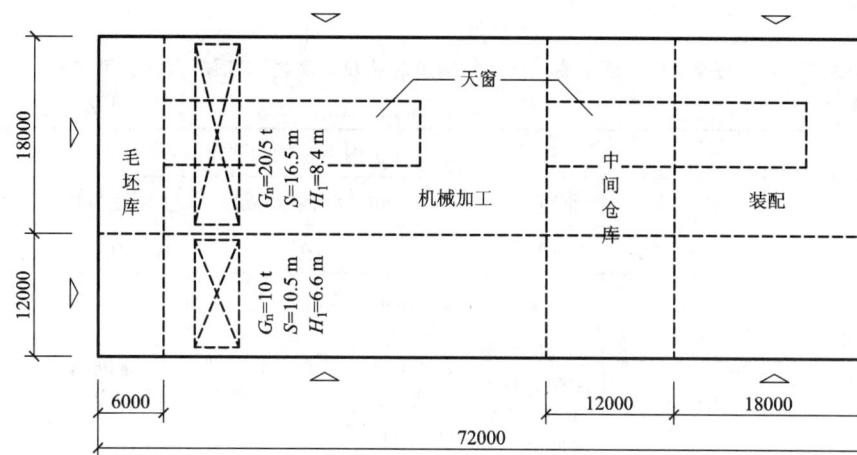

图2-17 某金工车间平面示意图

(2)作业要求

1)参观实习报告的内容包括实习时间、实习地点、实习内容、实习心得。

2)图样绘制,符合标准要求,图示内容表达齐全,投影关系应正确,构造合理可行,图面布置适中、匀称、美观,图面整体效果好。

二、实训目的

(1)了解单层工业厂房结构组成和类型以及厂房内部的起重运输设备,掌握厂房定位轴线的划分、单层厂房纵横定位轴线和厂房的主要构件连接与构造要求。

(2)运用所学单层工业厂房构造的基本知识和画图要求,绘制单层工业厂房建筑平面布置图和节点详图。

三、进度安排及要求

本任务为期3周,课内共12课时(讲课6+参观2+训练4),与课内同步课外3周。

阶段	时间段	内容	课内学时	要求
前期准备阶段	1.5周	专题讲课 任务布置	6	了解单层工业厂房结构组成和类型、厂房内部的起重运输设备,掌握厂房定位轴线的划分、主要结构构件的类型和围护结构构造要求
参观实习	0.5周	现场讲解	2	理论与实际引结合,完成参观实习报告
问题回答、正图绘制、成果评析阶段	1周	专教辅导 成果评析	4	正确识读和绘制单层工业厂房建筑平面布置图和节点详图,确定绘图比例、明确制图标准及要求、掌握绘制图样的内容和表达要求,构造合理可行

四、成果要求

(1)自备作业纸完成参观实习报告;

(2)选用合适的比例,采取A2绘图纸横式,绘制单层工业厂房建筑平面布置图和节点详图。

五、考核方案

表 2-15　任务 14"单层工业厂房建筑构造的认知与表达"专项能力训练考核表

班级 _____　　　任课教师 _____　　　日期 _____

序号	学生姓名	考核方式	评价内涵及能力要求				评分	权重	成绩
			出勤率	训练表现	训练内容质量及成果	问题答辩			
			只扣分不加分	10分	60分	30分			
1	×××	学生自评	1. 迟到一次扣2分,旷课一次扣5分 2. 缺课 1/3 学时以上,该专项能力不记分	1. 学习态度端正(4) 2. 积极思考问题、动手能力强(6)	1. 满足任务书深度要求(20) 2. 符合国家有关制图标准要求(尺寸标注齐全、字体端正整齐、线型粗细分明)(10) 3. 构造合理可行、图面表达清晰、图示内容表达完善(30)	1. 正确回答问题(20) 2. 结合实践、灵活运用(10)		30%	
		学生互评						30%	
		教师评阅						40%	

☆指导书☆

1. 前期准备阶段(课内 6 学时)

(1)根据实训任务,明确其任务内容和要求;

(2)专题讲授单层工业厂房结构组成和类型、厂房内部的起重运输设备,掌握厂房定位轴线的划分、主要结构构件的类型和围护结构构造要求及其在工程实际中的应用。掌握单层工业厂房建筑平面布置图和节点详图的绘图要求和绘图方法,培养学生的动手能力和理解能力,具备工业建筑图形的识读与绘图能力。

2. 参观工业建筑并绘制单层工业厂房建筑平面布置图和节点详图实训阶段(课内 6 学时)

(1)总体要求

1)参观实习:参观某单层工业厂房建筑,了解其结构组成和类型,掌握厂房定位轴线的划分、单层厂房纵横定位轴线和厂房的主要构件连接与构造要求,将理论与实际相结合,撰写参观实习报告。

2)图样绘制:掌握单层工业厂房建筑平面布置图和节点详图的绘制步骤与绘制方法,明确所绘图样的内容和要求,合理选择排水方式和防水类型,概念清晰,图样绘制,符合标准要求,投影关系正确,图示内容表达完善。

(2)单层工业厂房建筑平面布置图的画法

1)根据金工车间平面示意图,进行柱网布置(两跨,跨度为 12 m 和 18 m 跨,柱距为 6 m),划分定位轴线,并进行纵横向轴线编号;

2)布置围护结构砖墙和门窗,进行门窗编号,入口处设混凝土坡道,外墙四周设置混凝土散水(带外暗沟),标注排水方向和排水坡度;

3)用中粗虚线标注天窗位置并标注尺寸,在第二个柱间开始布置,天窗宽取厂房跨度的 2/3;

4)表示吊车轮廓线(中粗虚线)和吊车轨道中心线(中粗点画线),标注吊车吨位、吊车跨度(18 -

$0.75 \times 2 = 16.5$(m),$12 - 0.75 \times 2 = 10.5$(m),吊车轨道中心线与纵向定位轴线的距离 $e = 750$ mm)、柱与轴线的关系、室内外地坪标高;

5)标注三道尺寸(总尺寸、柱网尺寸、门窗洞口等细部构造尺寸),标注索引及编号,标注图名、比例及有关文字说明。

(3)详图的内容

1)山墙处柱子与横向定位轴线之间的关系;

2)横向变形缝处柱子与横向定位轴线之间的关系。

综合实训 Ⅱ　图纸深度识读与绘制

本综合实训设三个分任务,可根据专业和培养能力的目标要求不同任选其一。

分任务 1　绘制建筑施工图、结构平面布置图

☆任务书☆

一、任务要求

本综合实训是根据某建筑方案图,综合民用建筑构造以及相关知识,绘制建筑施工图、结构平面布置图。如图 2-18、图 2-19 所示为某五层住宅楼方案图(带架空层,架空层标高为 ±0.000,一至五层的标高分别为 2.200 m、5.200 m、8.200 m、11.200 m、14.200 m,屋面板板面结构标高 17.200 m),住宅楼屋顶为刚性防水屋面平屋顶。试设计和绘制该住宅建筑施工图、结构平面布置图。具体实训任务如表 2-16 所示。

表 2-16　绘制建筑施工图、结构平面布置图任务内容与成果要求

职业能力	实践教学内容与任务	实训操作及成果要求	
图纸深度识读与绘制能力(建筑工程施工图与房屋构造的认知与表达能力)	首页 00:建筑设计说明、图纸目录、门窗表、装修做法表	基本图比例 1:100,详图比例 1:20	绘图墨水笔或铅笔绘制
	建施 01:一层平面图、正立面图		
	建施 02:架空层平面图、背立面图		
	建施 03:屋顶平面图(刚性防水屋面)、泛水节点详图、分格缝节点详图(任务 13 中已经完成)		
	建施 04:剖面图(剖到楼梯位置)、侧立面图	A2 绘图纸立式	
	建施 05:楼梯平面详图、楼梯剖面详图、扶手栏杆、踏步节点详图	比例 1:50/1:2/1:5	
	结施 01:中间层楼面结构平面布置图(有防水要求或需要打孔的房间如厨房、洗漱间、卫生间、阳台等采用现浇板代号 XB 表示,其他采用荷载等级为 1 级的预应力空心板)	比例 1:100	
	其他图示内容和画法要求由授课老师确定,如梁、板、柱平法施工图		

注:实训时间确定为一周,课内 24 学时,其余课外完成。

二、实训目的

图纸深度识读与绘制,培养学生识读和绘图能力、图形表达的能力,使学生运用所学的基本知识与实践相结合,达到融会贯通的目的。

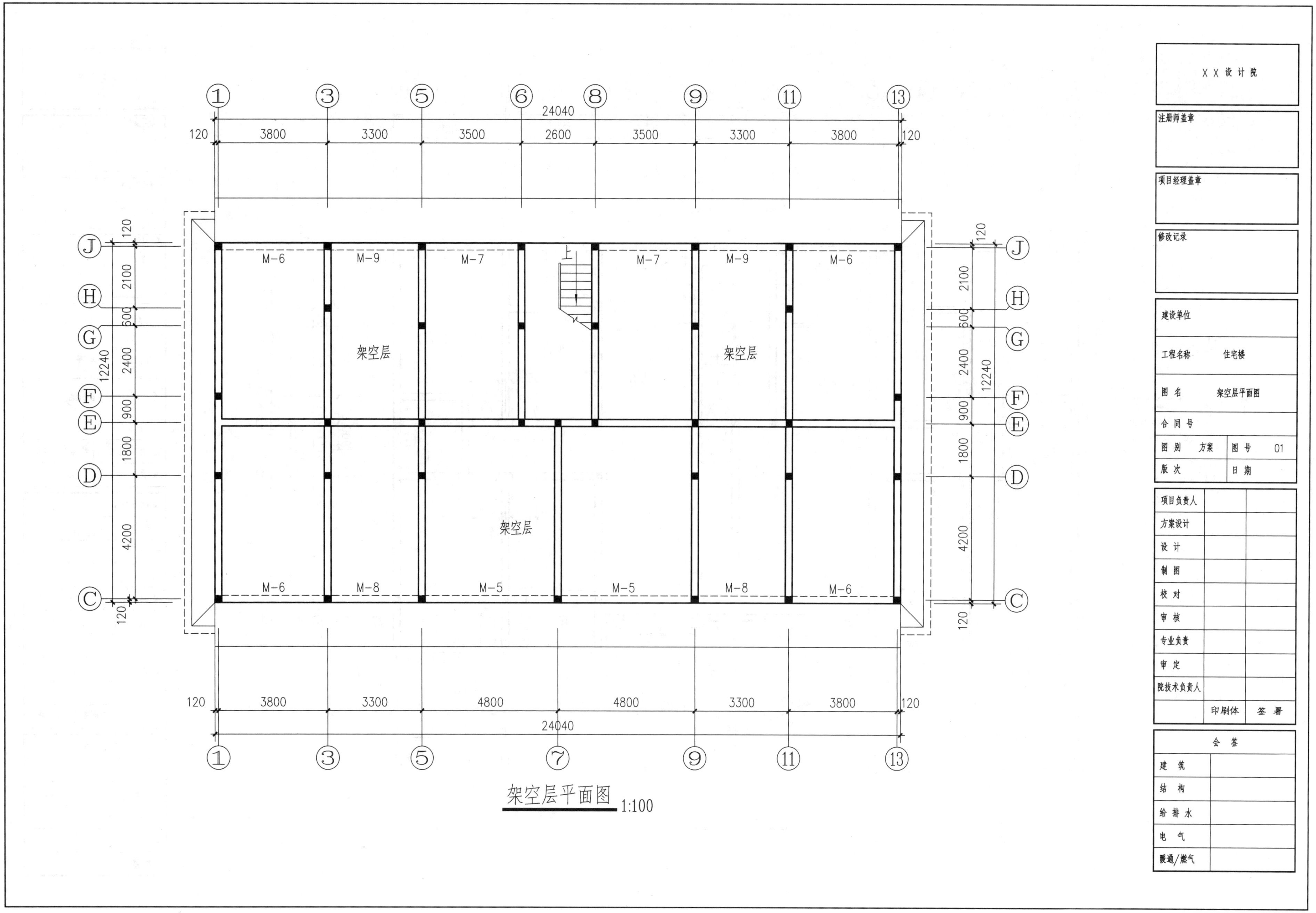

24040
120
3800
3300
3500
2600
3500
3300
3800
120
M-6
M-9
M-7
上
M-7
M-9
M-6
架空层
架空层
架空层
M-6
M-8
M-5
M-5
M-8
M-6
12240
2100
600
2400
900
1800
4200
4800
4800
架空层平面图 1:100
X X 设 计 院
注册师盖章
项目经理盖章
修改记录
建设单位
工程名称 住宅楼
图 名 架空层平面图
合 同 号
图 别 方案
图 号 01
版 次
日 期
项目负责人
方案设计
设 计
制 图
校 对
审 核
专业负责
审 定
院技术负责人
印刷体
签 署
会 签
建 筑
结 构
给 排 水
电 气
暖通/燃气

图 2－18 架空层平面图

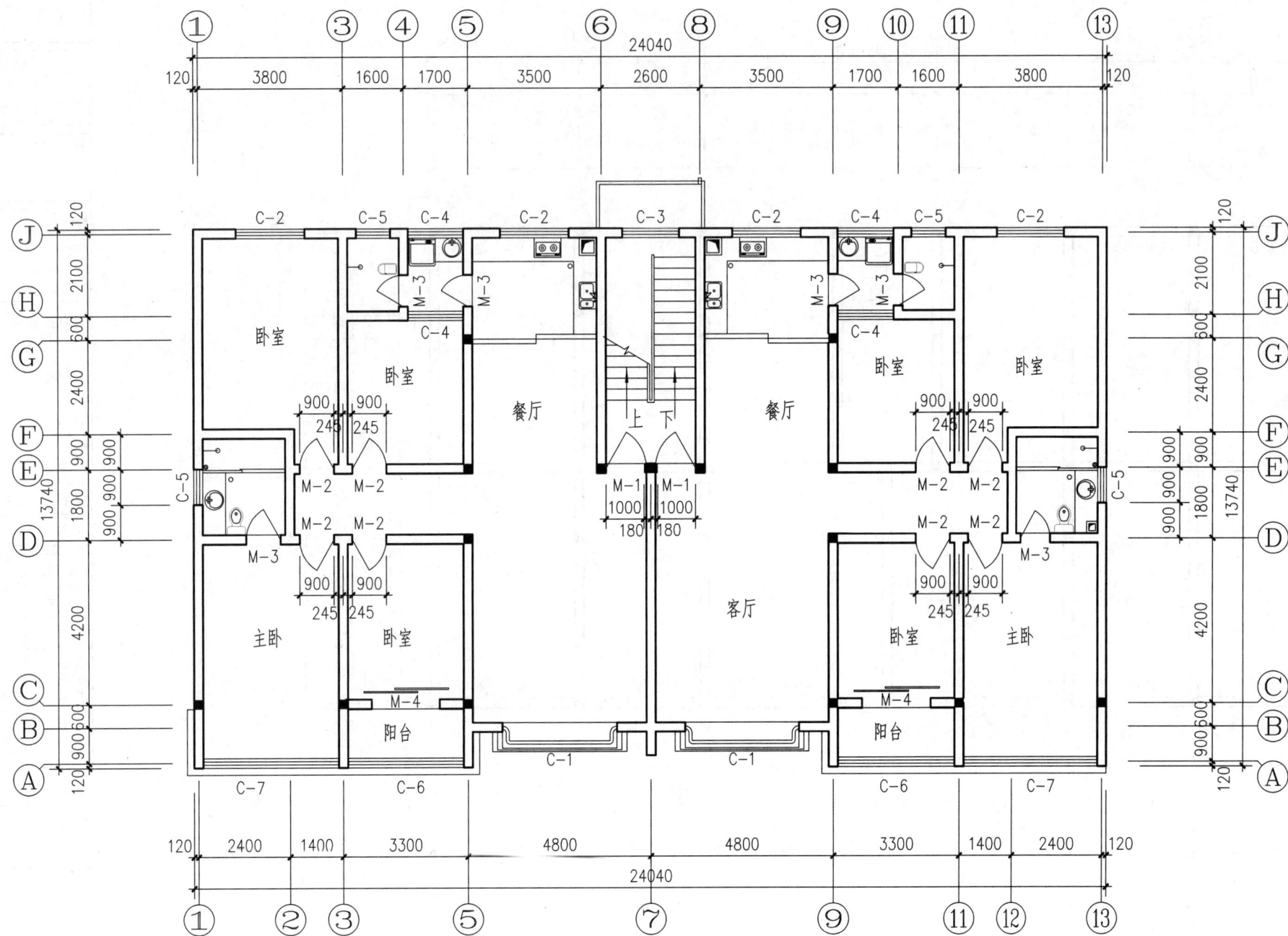

图 2-19 一层平面图

（1）严格遵守"总图制图标准"、"房屋建筑制图统一标准"、"建筑制图标准"和"结构制图标准"的各项规定，通过训练，要求学生掌握制图标准、能识读和绘制建筑施工图、结构平面布置图。

（2）掌握建筑物的构造组成及其构造做法的基本知识，了解平、立、剖面图及构造详图的设计的内容和方法，掌握查阅和运用构造设计资料的方法，树立正确的工作态度和崇高的专业思想，为专业课程的后续学习奠定必须的综合素质能力和综合应用能力。

三、考核方案

表2-17 综合实训Ⅱ"图纸深度识读与绘制"分任务1综合能力训练考核表

班级＿＿＿＿＿＿＿＿＿＿　　任课教师＿＿＿＿＿＿＿＿＿＿　　日期＿＿＿＿＿＿＿＿＿＿

序号	学生姓名	考核方式	评价内涵及能力要求				评分	权重	成绩
			出勤率	训练表现	训练内容质量及成果	问题答辩			
			只扣分不加分	10分	60分	30分			
			1. 迟到一次扣2分，旷课一次扣5分 2. 缺课1/3学时以上，该专项能力不记分	1. 学习态度端正(4) 2. 积极思考问题、动手能力强(6)	1. 满足任务书深度要求(20) 2. 符合国家有关制图标准要求(尺寸标注齐全、字体端正整齐、线型粗细分明)，投影关系正确、图示内容表达完善(30) 3. 布图适中、匀称、美观、图面表达清晰(5) 4. 按顺序装订成册(5)	1. 正确回答问题(20) 2. 结合实践、灵活运用(10)			
1	×××	学生自评						30%	
		学生互评						30%	
		专家点评教师综合						40%	

☆指导书☆

一、建筑施工图

在设计时对于采光、屋面排水、节能、楼梯宽度等应进行计算，此次项目实训对于采光、节能不作要求。

1. 首页图

包括建筑设计说明、图纸目录、门窗表、装修做法表、主要技术经济指标(占地面积、总建筑面积、层数等)，有时可附有总平面图。图纸目录、装修做法表、门窗表等参考内容和格式如下：

（1）图纸目录

序号	图纸类别	图纸编号	图纸内容
1	首页	00	
2	建施	01	
3	建施	02	
……		……	
	结施	01	
	结施	02	
……		……	

（2）装修做法表

序号	名称部位		装修做法表	备注
1	楼地面	客厅		
		卧室		
		梯间		
		卫生间		
		……		
2	内墙	墙面		
		墙裙		
		踢脚		
		……		
3	外墙	墙面1		
		墙面2		
		勒脚		
		……		
4	顶棚	客厅		
		卧室		
		梯间		
		卫生间		
		……		
5	散水	……		
		……		

注：1. 因房屋功能不同，表中项目仅供参考；
　　2. 墙面装修因立面装修不同，表中项目应作修改，另外墙面装修也可用文字说明；
　　3. 顶棚可能有吊顶棚，应单独列项。

(3)门窗表

类型	代号	尺寸(宽×高)	数量	所在图集代号	备注
门	M1				
	M2				
	……				
窗	C1				
	C2				
	……				

2. 总平面图

主要表达建筑物用地红线与周围环境,如周围的建筑物、道路及绿化等的关系。标明建筑物定位尺寸及总尺寸,标注各建筑物的名称或编号,标明室内及室外设计标高及建筑层数、朝向关系等。此次项目实训对这一部分不作要求。

3. 建筑平面图

建筑平图主要反映建筑物内部房间及设施平面布置的详细情况,包括建筑各层平面和屋顶平面。具体要求如下:

(1)承重和非承重墙、柱(壁柱)轴线和轴线编号,内外门窗位置和编号、门的开启方向,注明房间名称或编号和房间的特殊设计要求等。

(2)屋顶平面图一般内容有:女儿墙、檐口、天沟、坡度、坡向、雨水口、屋脊(分水线)、变形缝、楼梯间、电梯间、详图索引号、标高、尺寸及构造要求等。

(3)阳台、雨篷、台阶、坡道、散水、明沟、管线竖道、消防梯、雨水管位置及尺寸等构造要求。

(4)电梯(注明规格)、楼梯位置和楼梯上下方向示意及主要尺寸。

(5)外包总尺寸、轴线间尺寸(包括开间(柱距)和进深(跨度)尺寸)以及门窗洞口尺寸、墙身厚度、柱(壁柱)宽、深和与轴线关系尺寸。

(6)室内外地面标高、楼层标高。

(7)指北针、剖切符号的表达(指北针和剖切线及编号一般只表达在首层平面图上),有关平面节点详图或详图索引号。

4. 建筑立面图

建筑立面图主要反映建筑物立面造型和装饰的详细情况。一般情况下立面图应绘全建筑物前、后、左、右四个立面,特殊情况下也可只绘制两个主要立面。具体要求如下:

(1)建筑物两端轴线编号及尺寸等。

(2)各建筑立面外形、装饰、构配件及其标高尺寸等。女儿墙顶、檐口、柱、变形缝、室外楼梯和消防梯、阳台、台阶、坡道、花台、雨篷、线条、勒脚、门窗、洞口、门头、雨水管以及其他装饰构件和粉刷分格线示意等构造要求及尺寸标注。

在平面图上表示不出的门窗编号,应在立面图上标注。平、剖面未能表示出来的屋顶、檐口、女儿墙、窗台等标高或高度,应在立面图分别注明。

(4)各部分构造、装饰节点详图索引,用料名称或符号。

5. 建筑剖面图

建筑剖面图主要反映建筑物内部上下各部分的空间关系和设计情况。建筑剖面图剖视位置应选在内外空间比较复杂、最有代表性的部位(剖切符号标注在底层平面图上),一般在楼梯间处。建筑空间局部不同处,可绘制局部剖面。具体要求如下:

(1)标注建筑物墙或柱的轴线编号及尺寸。

(2)室外地面、底层地(楼)面、明沟、散水、各层楼板、吊顶、屋顶、出屋顶、檐口、女儿墙、门、窗、梁、楼梯、台阶、坡道、散水、平台、阳台、雨篷、洞口、墙裙、雨水管及其他装修与平面、立面内容一致。局部标明尺寸及构造要求。

(3)高度尺寸

外部尺寸:门、窗、洞口高度、层间高度、总高度。

内部尺寸:门、窗、洞口高、黑板高度及安装高度、台阶高度及构造要求。

(4)标高:底层地面标高(±0.000),以上各层楼面、楼梯、平台标高、屋面板、屋面檐口、女儿墙顶,高出屋面楼梯间、机房顶部标高、室外地面标高、地下层标高。

(5)节点构造详图索引号。

标注建筑细部构造详图的索引符号等。

6. 建筑详图

主要表达建筑平、立、剖面图中尚未表达清楚的局部构造的设计情况。详图构造应合理、位置尺寸应详细、准确、齐全,文字说明清楚,详图应注明编号并与详图索引符号对应一致。

二、结构施工图

楼层、屋面结构平面布置图是假想用一水平剖切平面沿楼板面上方或屋面处剖切后,向下作出其水平投影而成的。主要是用来表示每层楼的梁、板、柱、墙等结构的平面布置情况以及它们之间的关系。它是安装梁、板等各种楼层构件的依据,也是计算构件数量、编制施工预算的依据。楼层结构平面布置图与屋面结构平面布置图基本相似,楼板一般可分为预制和现浇两大类。为使读图方便往往于一些常用的构件采用规定代号和简化线条来表示。

此次训练只要求完成上述建筑的结构平面布置图,因为不涉及到结构计算,故结构平面图采用传统的布置方法,画出结构构件(梁、板、柱及墙身等)的平面布置图。

1. 轴线网

楼板及屋面结构平面的轴线网与相应的"建施"图中楼层平面图轴线网一致。为了突出楼板布置、墙体用细线或中粗线表示。(注:被楼板等构件盖住的墙体用虚线表示。)

2. 预制楼板的表示方法

预制楼板一般搁置在墙或梁上,相互平行,可按实际布置画在结构布置平面图上,或者画上一对角的细实线,并在线上写出构件代号和数量。

3. 梁的表示方法

在结构布置图中,配置在板下的梁等钢筋混凝土构件轮廓线可用中虚线表示,并应在构件旁侧标注其编号和代号。如 QL(图梁)、GL(过梁)及 LL(连系梁)等。过梁可直接写在门窗洞口的位置上,为了防止墙上线条过多,省略过梁的图例,而只注写代号。例如 GL18242,表示过梁净跨为 1800 mm、墙厚尺寸为 240 mm、荷载级别代号为 2。

分任务 2　绘制工程竣工图

☆任务书☆

一、任务要求

本综合实训是对已完工程进行测绘，综合民用建筑构造以及相关知识，绘制工程竣工图，图样内容包括门窗表和装修做法表、建筑平、立、剖面图、楼层结构平面图。具体实训任务如表 2-18 所示。

表 2-18　绘制工程竣工图任务内容与成果要求

职业能力	实践教学内容与任务	实训操作及成果要求
图纸深度识读与绘制能力（建筑工程施工图与房屋构造的认知与表达能力）	首页 00：门窗表、装修做法表	图幅及格式根据实际情况确定
	建施 01：一层平面图、正立面图	比例 1:100
	建施 02：左立面图、剖面图（剖到楼梯位置）	采用绘图墨水笔或铅笔绘制
	结施 01：中间层楼面结构平面布置图（有防水要求或需要打孔的房间如厨房、洗漱间、卫生间、阳台等采用现浇板代号 XB 表示，其他采用荷载等级为 1 级的预应力空心板）	
	其他图示内容和画法要求由授课老师确定	

注：实训时间确定为一周，课内 24 学时，其余课外完成。

二、测绘对象

本校教学楼等现有建筑（实质上是对构造部分各构造图样进行汇总，加深对本课程构造知识的认知和表达）。

三、实训目的

图纸深度识读与绘制，培养学生识读和绘图能力、图形表达的能力，使学生运用所学的基本知识与实践相结合，达到融会贯通的目的。

（1）了解被测房屋的组成及各组成部分的名称和作用。

（2）了解该房屋所处的位置、周围环境、房屋朝向。

（3）了解房屋室内外地坪标高、楼层标高、定位轴线尺寸；了解卫生间的布置和要求。

（4）了解墙体或柱的位置、材料和尺度；了解楼地面的做法、楼层结构的平面布置；了解房屋门、窗的布置、形式和尺寸；了解楼梯的组成、形式和各细部尺寸；了解屋面的形式、坡度的形成、排水和防水。

（5）掌握房屋建筑施工图、结构施工图的绘制方法与步骤，掌握查阅和运用设计资料（如标准图集）的方法，根据测绘结果绘制建筑工程竣工图（建筑工程竣工图用于工程结算、竣工备案等，此次只要求绘制部分建筑图和二层结构平面布置图）。树立正确的工作态度和崇高的专业思想，为专业课程的后续学习奠定必须的综合素质能力和综合应用能力。

四、考核方案

表 2-19　综合实训 Ⅱ "图纸深度识读与绘制" 分任务 2 综合能力训练考核表

班级＿＿＿＿＿＿　　　任课教师＿＿＿＿＿＿　　　日期＿＿＿＿＿＿

序号	学生姓名	考核方式	评价内涵及能力要求				评分	权重	成绩
			出勤率	训练表现	训练内容质量及成果	问题答辩			
			只扣分不加分	10 分	60 分	30 分			
1	×××	学生自评	1. 迟到一次扣 2 分，旷课一次扣 5 分 2. 缺课 1/3 学时以上，该专项能力不记分	1. 学习态度端正（4） 2. 积极思考问题、动手能力强（6）	1. 满足任务书深度要求（20） 2. 符合国家有关制图标准要求（尺寸标注齐全、字体端正整齐、线型粗细分明），投影关系正确、图示内容表达完善（30） 3. 布图适中、匀称、美观、图面表达清晰（5） 4. 按顺序装订成册（5）	1. 正确回答问题（20） 2. 结合实践、灵活运用（10）		30%	
		学生互评						30%	
		专家点评教师综合						40%	

☆指导书☆

一、图样绘制的方法与步骤

参见任务 6、任务 7 和综合实训 Ⅱ 分任务 1。

二、实训步骤与要求

（1）现场对被测房屋作深入细致的调查，如房屋的形式、层数、平面功能、房间的布置等。

（2）徒手绘制草图：根据目测结果绘出房屋的底层平面图、正立面图、左立面图、楼梯的剖面图。图形的比例应大致符合要求，可为 1:200 或自定，由大到小，从整体到局部逐步充实。

（3）在需要注写尺寸和标高的地方绘出全部的尺寸线和标高符号，并列出门窗表和装修做法表。

（4）分小组采用丈量工具进行丈量，要求先总尺寸后细部尺寸，边量边记，最后进行全面的校核，完成与实体相符的房屋草图。

（5）根据丈量结果和实地考察结果填写门窗表和装修做法表。

（6）采用1:100的比例绘制正图（底层平面图、正立面图、左立面图、楼梯的剖面图、二层结构平面布置图），完成门窗表和装修做法表。

分任务3 建筑工程施工图的识读

☆任务书☆

一、任务要求

结合工程实际，了解工程计量（清单）的一些基本计算规则，有针对性地识读建筑工程施工图，完成相关任务表（如果任务表中有图示不涉及的内容可省略）。

表2-20 基数计算任务表

序号	名称	计算式（计算说明）	单位	工程数量
1	建筑面积计算	（分层计算面积再汇总）	m²	
2	外墙中心线		m	
3	内墙净长线		m	

注：计算式是要求学生列出计算过程式并计算结果，括号中计算说明是用于指导。

表2-21 门窗表的识读任务表

序号	编号	洞口尺寸/mm	数量	单个面积/m²	总面积/m²	位置 外墙（门窗数统计） 240厚烧结多孔砖 一层	二层	三层	四层	五层	屋顶梯间	内墙（门窗数统计） 240厚烧结多孔砖 一层	二层	三层	四层	五层	120厚烧结多孔砖 一层	二层	三层	四层	五层
1	C-1																				
2	C-2																				
3	C-3																				
4	C-4																				
...																					

序号	编号	洞口尺寸/mm	数量	单个面积/m²	总面积/m²	位置 外墙（门窗数统计） 240厚烧结多孔砖 一层	二层	三层	四层	五层	屋顶梯间	内墙（门窗数统计） 240厚烧结多孔砖 一层	二层	三层	四层	五层	120厚烧结多孔砖 一层	二层	三层	四层	五层
1	N-1																				
2	M-2																				
3	M-3																				
...																					

表2-22 工程量计算任务表

序号	名称	计算式（计算说明）	工程量 单位	工程量 数量
1	平整场地	（按设计图示尺寸以建筑物首层建筑面积计算）	m²	
2	挖基坑土方	（按设计图示尺寸以基础垫层底面积乘以挖土深度计算）	m³	
3	回填方	[室内回填：主墙间面积乘以回填厚度，不扣除间隔墙；基础回填：按挖方清单项目工程量减去自然地坪以下埋设的基础体积（包括基础垫层及其他构筑物）]	m³	
4	砖基础	（按设计图示尺寸以体积计算，如断面尺寸乘以基础长度（外墙按外墙中心线、内墙按内墙净长线））	m³	
5	实心砖墙 多孔砖墙 空心砖墙	（按设计图示尺寸以体积计算，墙长（外墙按外墙中心线、内墙按内墙净长线）乘以墙厚乘以墙高（有钢筋混凝土楼板隔层者算至楼板顶，有框架梁时算至梁底），扣除门窗、洞口、嵌入墙内的钢筋混凝土实体体积，0.3 m²以内的孔洞不扣除）	m³	
6	零星砌体 （砖砌台阶）	（砖砌台阶按水平投影面积以平方米计算）	m²	
7	砖散水、地坪	（按设计图示尺寸以面积计算）	m²	
8	砖地沟、明沟	（以米计量，按设计图示尺寸以中心线长度计算）	m	
9	现浇混凝土基础垫层	（按设计图示尺寸以立方米计算）	m³	
10	现浇混凝土基础	（按设计图示尺寸以立方米计算）	m³	
11	现浇混凝土矩形柱	（按设计图示尺寸以立方米计算，框架柱的柱高应自柱基上表面至柱顶高度计算，构造柱按全高计算，嵌接墙体部分（马牙槎）并入柱身体积）	m³	
12	现浇混凝土构造柱		m³	
13	现浇混凝土基础梁	（1.按设计图示尺寸以立方米计算，伸入墙内的梁头、梁垫并入梁体积内；2.梁长：梁与柱连接时，梁长算至柱侧面；主梁与次梁连接时，次梁长度算至主梁侧面）	m³	
14	现浇混凝土矩形梁		m³	
15	现浇混凝土圈梁		m³	
16	现浇混凝土过梁		m³	
17	现浇混凝土有梁板	（1.按设计图示尺寸以立方米计算，0.3 m²以内的孔洞不扣除；2.有梁板（包括主、次梁与板）按梁、板体积之和计算，先算板后算梁，不重合；3.无梁板按板与柱帽体积之和计算）	m³	
18	现浇混凝土无梁板		m³	
19	现浇混凝土平板		m³	
20	现浇混凝土栏板		m³	
21	现浇混凝土天沟（檐沟）、挑檐板	（按设计图示尺寸以体积计算）	m³	
22	现浇混凝土雨篷、悬挑板、阳台板	（按设计图示尺寸以墙外部分体积计算，包括伸出墙外的牛腿和雨篷反挑檐的体积）	m³	
23	其他板	（按设计图示尺寸以体积计算）	m³	
24	现浇混凝土楼梯	（以平方米计量，按设计图示尺寸以水平投影面积计算，不扣除宽度≤500 mm的楼梯井，伸入墙内部分不计算）	m²	

序号	名称	计算式(计算说明)	单位	数量
25	现浇混凝土散水、坡道	(按设计图示尺寸以水平投影面积计算，不扣除单个 0.3 m² 以内的孔洞所占的面积)	m²	
26	现浇混凝土室外地坪		m²	
27	现浇混凝土地沟	(按设计图示以中心线长度计算)	m	
28	现浇混凝土台阶	(以平方米计量，按设计图示尺寸以水平投影面积计算；以立方米计量，按设计图示尺寸以体积计算)	m²，m³	
29	现浇混凝土扶手、压顶	(以米计量，按设计图示的中心线延长米计算；以立方米计量，按设计图示尺寸以体积计算)	m，m³	
30	现浇混凝土化粪池、检查井		m³，座	
31	现浇混凝土其他构件(小型池槽、垫块、门框)	(按设计图示尺寸以体积计算；以座计量，按设计图示数量计算)	m³	
32	预制混凝土过梁	(以立方米计量，按设计图示尺寸以体积计算；以根计量，按设计图示尺寸以数量计算)	m³，根	
33	预制混凝土其他梁		m³，根	
34	预制混凝土平板	(以立方米计量，按设计图示尺寸以体积计算，不扣除单个面积 ≤300mm×300mm 的孔洞所占体积，扣除空心板空洞体积；以块计量，按设计图示尺寸以数量计算)	m³，块	
35	预制混凝土空心板		m³，块	
36	预制混凝土沟盖板、井盖板、井圈	(以立方米计量，按设计图示尺寸以体积计算；以块计量，按设计图示尺寸以数量计算)	m³，块(套)	
37	其他预制构件	(以立方米计量，按设计图示尺寸以体积计算，不扣除单个体积 ≤300 mm×300 mm 的孔洞所占体积，扣除烟道、垃圾道、通风道的孔洞所占体积；以平方米计量，按设计图示尺寸以面积计算，不扣除单个面积 ≤300 mm×300 mm 的孔洞所占面积；以根计量，按设计图示尺寸以数量计算)	m³，m²，根(块、套)	
38	现浇构件钢筋	[按设计图示钢筋长度乘以单位理论质量计算，钢筋每米重量为 0.00617×d×d(d 为钢筋直径 mm)]	t	
39	预制构件钢筋		t	
40	门	(以樘计量，按设计图示数量计算；以平方米计量，按设计图示洞口尺寸以面积计算)	樘，m²	
41	窗		樘，m²	
42	窗台板	(按设计图示尺寸以展开面积计算)	m²	
43	瓦屋面	(按设计图示尺寸以斜面积计算)	m²	
43	屋面卷材防水	(按设计图示尺寸以面积计算，屋面的女儿墙、伸缩缝和天窗等处的弯起部分，并入屋面工程量内)	m²	
45	屋面涂膜防水		m²	
46	屋面刚性层	(按设计图示尺寸以面积计算，不扣除房上烟囱、风帽底座、风道等所占面积)	m²	
47	屋面排水管	(按设计图示尺寸以长度计算，如设计未标注尺寸，以檐口至设计室外散水上表面垂直距离计算)	m	
48	屋面排(透)气管	(按设计图示尺寸以长度计算)	m	

序号	名称	计算式(计算说明)	单位	数量
49	屋面(廊、阳台)泄(吐)水管	(按设计图示数量计算)	根(个)	
50	屋面天沟、檐沟防水	(按设计图示尺寸以展开面积计算)	m²	
51	屋面变形缝	(按设计图示尺寸以长度计算)	m	
52	墙面卷材防水	(按设计图示尺寸以面积计算)	m²	
53	楼(地)面防水	(按设计图示尺寸以面积计算，按主墙间净空面积计算，楼(地)面防水反边高度 ≤300 mm 算作地面防水，反边高度 >300 mm 按墙面防水计算)	m²	
54	保温隔热屋面	(按设计图示尺寸以面积计算，按主墙间净空面积计算，扣除 >0.3 m² 孔洞及占位面积)	m²	
55	水泥砂浆楼地面	(按设计图示尺寸以面积计算，按主墙间净空面积计算，不扣除间壁墙及 ≤0.3 m² 柱、垛、附墙烟囱及孔洞所占面积，门洞、空圈、暖气包槽、壁龛的开口部分不增加面积)	m²	
56	现浇水磨石楼地面		m²	
57	细石混凝土楼地面		m²	
58	菱苦土楼地面		m²	
59	平面砂浆找平层	(按设计图示尺寸以面积计算，平面砂浆找平层只适用于仅做找平层的平面抹灰)	m²	
60	石材楼地面	(按设计图示尺寸以面积计算，按主墙间净空面积计算，门洞、空圈、暖气包槽、壁龛的开口部分并入相应的工程量内)	m²	
61	块料楼地面		m²	
62	塑料板楼地面		m²	
63	××踢脚线(如水泥砂浆踢脚线)	(1.以平方米计量，按设计图示长度乘以高度以面积计算；2.以米计量，按延长米计算)	m²，m	
64	××楼梯面层(如石材楼梯面层)	(按设计图示尺寸以楼梯(包括踏步、休息平台及 ≤500 mm 的楼梯井)水平投影面积计算。楼梯与楼地面相连时，算至梯口梁内侧边沿；无梯口梁时，算至最上一层踏步边沿加 300 mm)	m²	
65	××台阶面(如现浇水磨石台阶面)	(按设计图示尺寸以台阶(包最上层踏步边沿加 300 mm)水平投影面积计算)	m²	
66	墙面抹灰(一般、装饰等)	(按设计图示尺寸以面积计算，扣除墙裙、门窗洞口及单个 >0.3 m² 孔洞面积，不扣除踢脚线等，洞口侧壁及顶面亦不增加，附墙柱等应计算；如计算公式：$S_{外}=S_{外墙}-S_{门窗}+S_{柱侧、门、窗侧壁}$，$S_{内}=S_{内净}-S_{门窗}-S_{裙}+S_{柱侧}$)	m²	
67	墙面块料面层	(按镶贴表面积计算)	m²	
68	干挂石材钢骨架	(按设计图示以质量计算)	t	
69	天棚抹灰	(按设计图示尺寸以水平投影面积计算，不扣除柱、垛等所占面积。梁两侧抹灰面积并入天棚面积内，板式楼梯按斜面积计算，锯齿形楼梯底板抹灰按展开面积计算)	m²	
70	吊顶天棚	(按设计图示尺寸以水平投影面积计算)	m²	
71	扶手、栏杆、栏板装饰	[按设计图示以扶手中心线(包括弯头长度)计算]	m	

注：计算式是要求学生列出计算过程式并计算结果，括号中计算说明是用于指导。

二、实训目的

结合工程实际，图纸深度识读，培养学生识读建筑工程施工图的能力，了解工程计量的一些基本规则，使学生运用所学的基本知识与实践相结合，达到融会贯通的目的，树立正确的工作态度和崇高的专业思想，为专业课程的后续学习奠定必需的综合素质能力和综合应用能力。

三、进度安排及要求

实训时间确定为一周，课内 24 学时，其余课外完成。

四、成果要求

（1）领取工程量计算单完成识读任务表和计算任务表；
（2）按顺序装订成册。

五、考核方案

表 2-23 实训综合 Ⅱ "图纸深度识读与绘制" 分任务 3 综合能力训练考核表

班级＿＿＿＿＿＿＿＿＿＿   任课教师＿＿＿＿＿＿＿＿＿＿   日期＿＿＿＿＿＿＿＿＿＿

序号	学生姓名	考核方式	评价内涵及能力要求				评分	权重	成绩
			出勤率	训练表现	训练内容质量及成果	问题答辩			
			只扣分不加分	10 分	60 分	30 分			
			1. 迟到一次扣 2 分，旷课一次扣 5 分 2. 缺课 1/3 学时以上，该专项能力不记分	1. 学习态度端正(4) 2. 积极思考问题、动手能力强(6)	1. 满足任务书深度要求(20) 2. 了解工程计量的一些基本规则，深度识读建筑工程施工图，填写识读记录表(40)	1. 正确回答问题(20) 2. 结合实践、灵活运用(10)			
1	×××	学生自评						30%	
		学生互评						30%	
		专家点评 教师综合						40%	

☆指导书☆

一、主要依据

（1）实际工程施工图（教师选定）；
（2）房屋建筑与装饰工程工程量计算规范（教师提供或图书馆借阅）；
（3）中南地区建筑、结构标准图集（图书馆查阅）；
（4）建筑工程建筑面积计算规范（教师提供或学生网上查阅）。

二、根据实训任务，明确其任务内容和要求

见表 2-20、表 2-21、表 2-22 中任务要求和计算说明。

三、房屋建筑与装饰工程工程量计算规范

（1）明确计量单位（见任务表）
（2）明确计算规则（见任务表中计算说明）

熟悉施工图纸，根据工程设计施工图，按照清单工程量计算规则，逐步计算分项工程数量，并汇总。一般工程计算的推荐顺序：建筑面积计算→门、窗、构件统计→混凝土及钢筋工程→砖石工程→土方工程→桩基工程→金属构件工程→楼地面工程→屋面工程→装饰工程→室外工程。

第三部分 相关应用知识与实训项目图样资料

一、相关应用知识

1. 图幅

图纸幅面及图框尺寸，应符合表3-1的规定。图纸的摆放格式有横式和立式两种，图纸中应有标题栏、图框线、幅面线、装订边线和对中标志。图纸的标题栏及装订边的位置，应符合下列规定，如图3-1所示。

表 3-1　图纸幅面及图框尺寸　　　　　（单位：mm）

幅面代号 尺寸代号	A0	A1	A2	A3	A4
$b \times l$	841×1189	594×841	420×594	297×420	210×297
c	10			5	
a	25				

注：表中 b 为幅面短边尺寸，l 为幅面长边尺寸，c 为图框线与幅面线间宽度，a 为图框线与装订边间宽度。

图纸中的标题栏包括设计单位名称区、注册师签章区、修改记录区、工程名称区、图号区、签字区、会签栏等内容，应符合图3-2、图3-3的规定，根据工程的需要选择确定其尺寸、格式及分区。通常在学校所用的制图作业标题栏均由各学校制定，学生作业参考标题栏如图3-4所示。

2. 图线

图线的宽度 b，宜从 1.4、1.0、0.7、0.5、0.35、0.25、0.18、0.13 mm 线宽系列中选取。图线的宽度不应小于 0.1 mm。每个图样，应根据复杂程度与比例大小，先选定基本线宽 b，再选用表3-2中相应的线宽组。图纸的图框和标题栏可采用表3-3的线宽。

表 3-2　线宽组　　　　　（单位：mm）

线宽比	线宽组			
b	1.4	1.0	0.7	0.5
$0.7b$	1.0	0.7	0.5	0.35
$0.5b$	0.7	0.5	0.35	0.25
$0.25b$	0.35	0.25	0.18	0.13

表 3-3　图框和标题栏线的宽度　　　　　（单位：mm）

幅面代号	图框线	标题栏外框线	标题栏分格线
A0、A1	b	$0.5b$	$0.25b$
A2、A3、A4	b	$0.7b$	$0.35b$

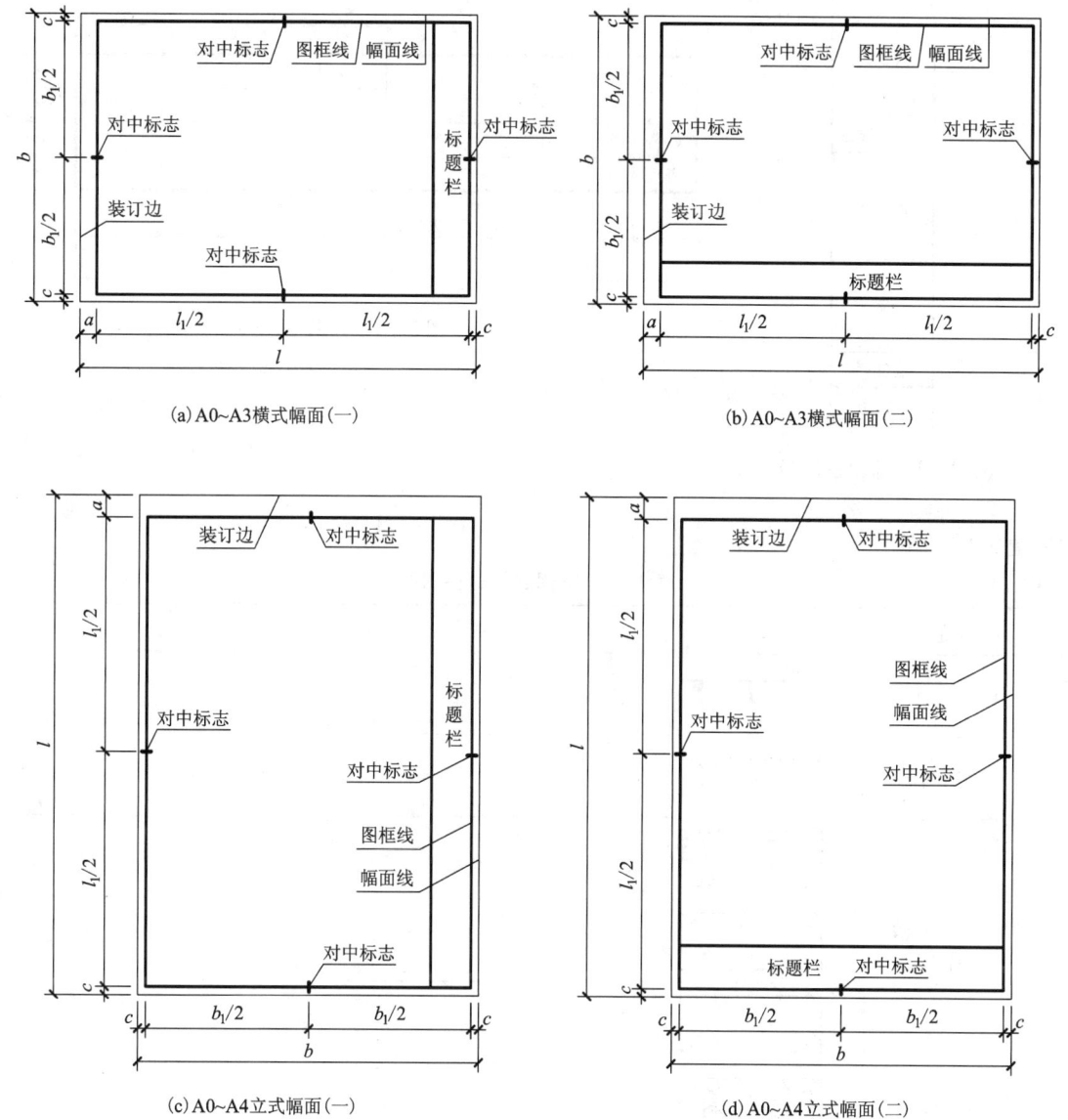

(a) A0～A3横式幅面（一）　　(b) A0～A3横式幅面（二）

(c) A0～A4立式幅面（一）　　(d) A0～A4立式幅面（二）

图 3-1　图纸的格式

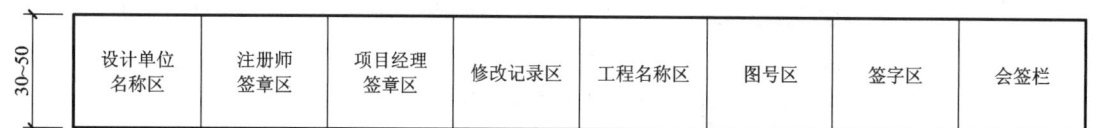

设计单位 名称区	注册师 签章区	项目经理 签章区	修改记录区	工程名称区	图号区	签字区	会签栏

图 3-2　标题栏（一）

图 3－4　标题栏（三）

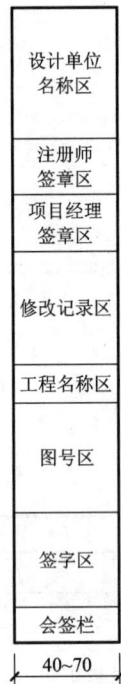

图 3－3　标题栏（二）

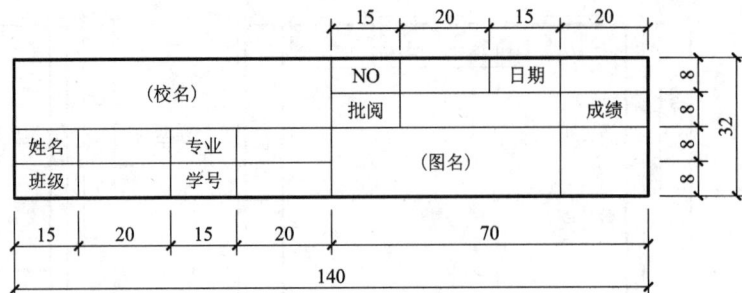

3. 常用建筑材料图例

表 3－4　常用建筑材料图例

序号	名称	图例	备注
1	自然土壤		包括各种自然土壤
2	夯实土壤		—
3	砂、灰土		—
4	砂砾石、碎砖三合土		—
5	石　材		—
6	毛　石		—
7	普通砖		包括实心砖、多孔砖、砌块等砌体。断面较窄不易绘出图例线时，可涂红，并在图纸备注中加注说明，画出该材料图例
8	耐火砖		包括耐酸砖等砌体
9	空心砖		指非承重砖砌体

序号	名称	图例	备注
10	饰面砖		包括铺地砖、马赛克、陶瓷锦砖、人造大理石等
11	焦渣、矿渣		包括与水泥、石灰等混合而成的材料
12	混凝土		1. 本图例指能承重的混凝土及钢筋混凝土 2. 包括各种强度等级、骨料、添加剂的混凝土 3. 在剖面图上画出钢筋时，不画图例线 4. 断面图形小，不易画出图例线时，可涂黑
13	钢筋混凝土		
14	多孔材料		包括水泥珍珠岩、沥青珍珠岩、泡沫混凝土、非承重加气混凝土、软木、蛭石制品等
15	纤维材料		包括矿棉、岩棉、玻璃棉、麻丝、木丝板、纤维板等
16	泡沫塑料材料		包括聚苯乙烯、聚乙烯、聚氨酯等多孔聚合物类材料
17	木　材		1. 上图为横断面，上左图为垫木、木砖或木龙骨 2. 下图为纵断面
18	胶合板		应注明为×层胶合板
19	石膏板		包括圆孔、方孔石膏板、防水石膏板、硅钙板、防火板等
20	金　属		1. 包括各种金属 2. 图形小时，可涂黑
21	网状材料		1. 包括金属、塑料网状材料 2. 应注明具体材料名称
22	液　体		应注明具体液体名称
23	玻　璃		包括平板玻璃、磨砂玻璃、夹丝玻璃、钢化玻璃、中空玻璃、夹层玻璃、镀膜玻璃等
24	橡　胶		—
25	塑　料		包括各种软、硬塑料及有机玻璃等
26	防水材料		构造层次多或比例大时，采用上图例
27	粉　刷		本图例采用较稀的点

注：序号 1、2、5、7、8、13、14、16、17、18 图例中的斜线、短斜线、交叉斜线等均为 45°。

4. 建筑构造及配件图例应符合表 3－5 的规定

表 3－5　建筑构造及配件图例

序号	名称	图 例	备 注
1	墙体	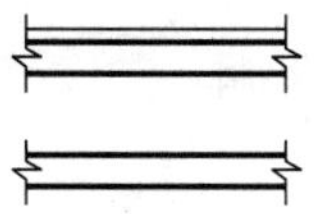	1. 上图为外墙，下图为内墙 2. 外墙细线表示有保温层或有幕墙 3. 应加注文字或涂色或图案填充表示各种材料的墙体 4. 在各层平面图中防火墙宜着重以特殊图案填充表示
2	隔断	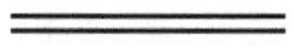	1. 加注文字或涂色或图案填充表示各种材料的轻质隔断 2. 适用于到顶及不到顶隔断
3	玻璃幕墙	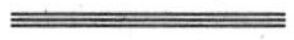	幕墙龙骨是否表示由项目设计决定
4	栏杆	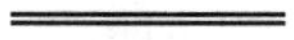	—
5	楼梯	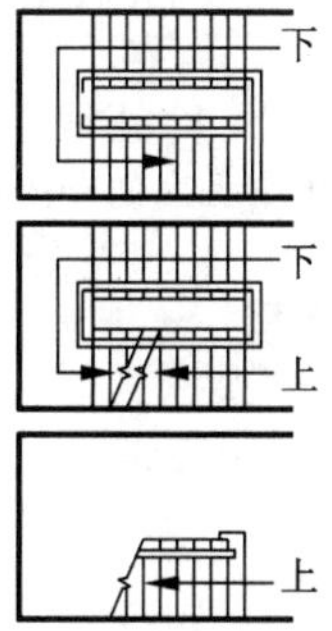	1. 上图为顶层楼梯平面，中图为中间层楼梯平面，下图为底层楼梯平面 2. 需设置靠墙扶手或中间扶手时，应在图中表示
6	坡道	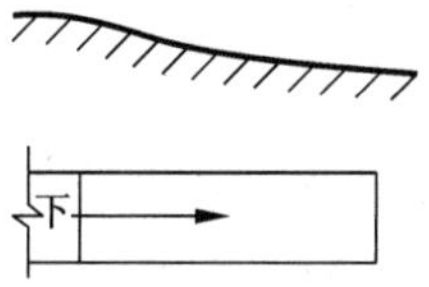	长坡道
		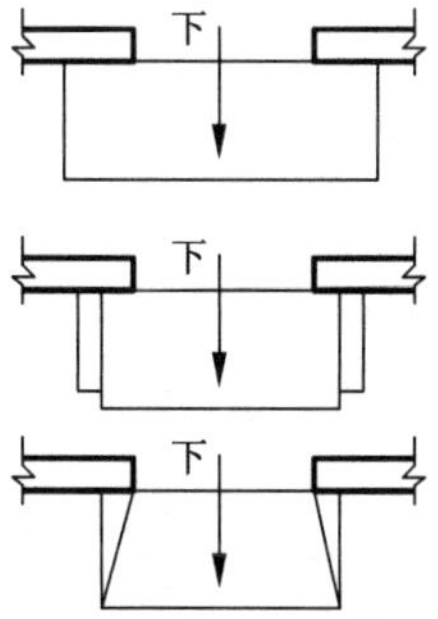	上图为两侧垂直的门口坡道，中图为有挡墙的门口坡道，下图为两侧找坡的门口坡道
7	台阶	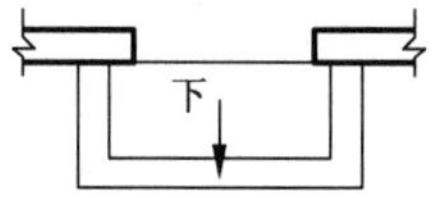	—
8	平面高差	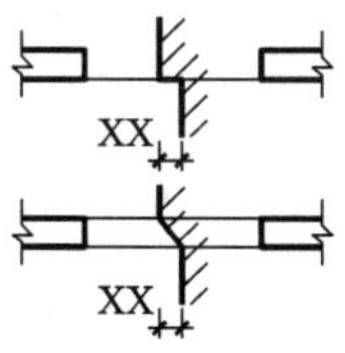	用于高差小的地面或楼面交接处，并应与门的开启方向协调
9	检查孔		左图为可见检查孔 右图为不可见检查孔
10	孔洞		阴影部分亦可填充灰度或涂色代替
11	坑槽		—
12	墙预留洞、槽	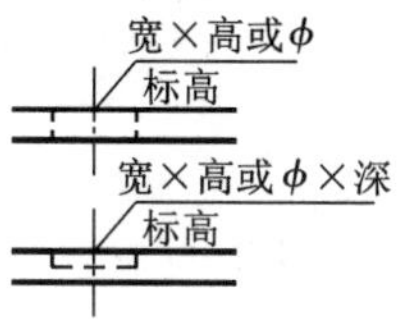 宽×高或φ 标高 / 宽×高或φ×深 标高	1. 上图为预留洞，下图为预留槽 2. 平面以洞（槽）中心定位 3. 标高以洞（槽）底或中心定位 4. 宜以涂色区别墙体和预留洞（槽）
13	地沟	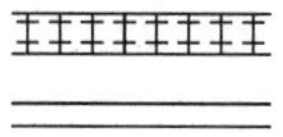	上图为有盖板地沟，下图为无盖板明沟
14	烟道	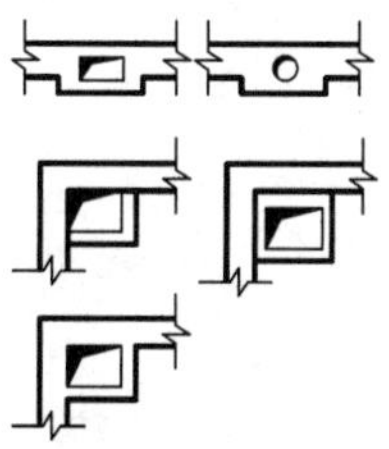	1. 阴影部分亦可填充灰度或涂色代替 2. 烟道、风道与墙体为相同材料，其相接处墙身线应连通 3. 烟道、风道根据需要增加不同材料的内衬
15	风道	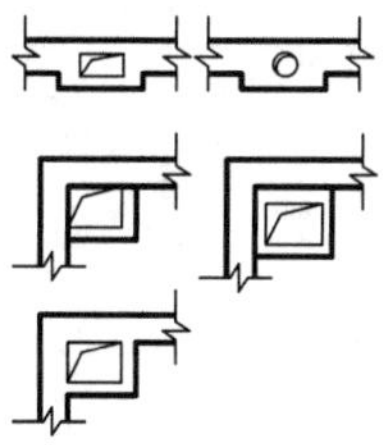	
16	单面开启单扇门（包括平开或单面弹簧）	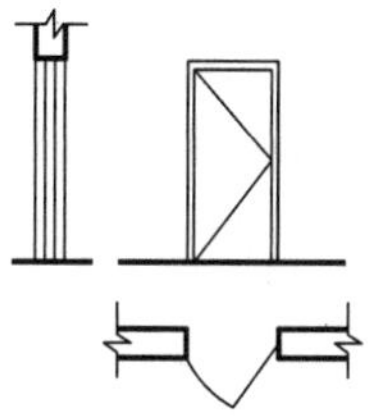	1. 门的名称代号用 M 表示 2. 平面图中，下为外、上为内（门开启线为90°、60°或45°，开启弧线宜绘出） 3. 立面图中，开启线实线为外开，虚线为内开，开启线交角的一侧为安装合页一侧，开启线在建筑立面图中可不表示，在立面大样图中可根据需要绘出 4. 剖面图中，左为外、右为内 5. 附加纱窗应以文字说明，在平、立、剖面图中均不表示 6. 立面形式应按实际情况绘制
	双面开启单扇门（包括双面平开或双面弹簧）	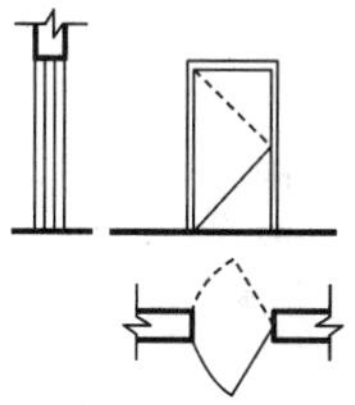	
	双层单扇平开门	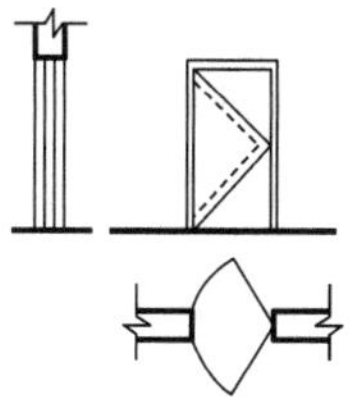	

序号	名称	图 例	备 注
17	单面开启双扇门（包括平开或单面弹簧）	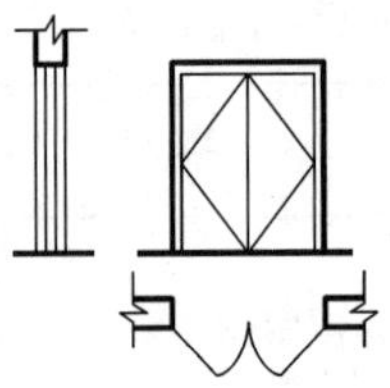	1. 门的名称代号用 M 表示 2. 平面图中，下为外、上为内（门开启线为 90°、60° 或 45°，开启弧线宜绘出） 3. 立面图中，开启线实线为外开，虚线为内开，开启线交角的一侧为安装合页一侧，开启线在建筑立面图中可不表示，在立面大样图中可根据需要绘出 4. 剖面图中，左为外、右为内 5. 附加纱扇应以文字说明，在平、立、剖面图中均不表示 6. 立面形式应按实际情况绘制
	双面开启双扇门（包括双面平开或双面弹簧）	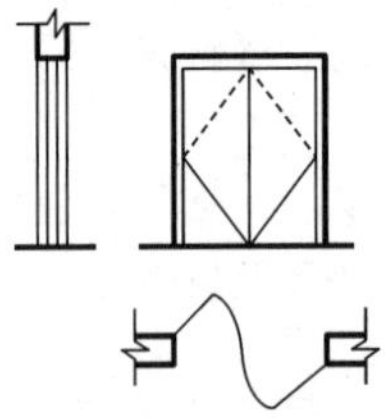	
	双层双扇平开门	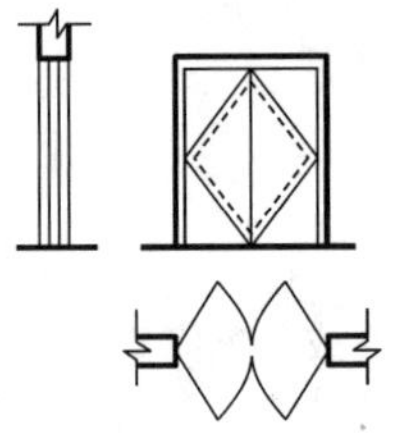	
18	折叠门	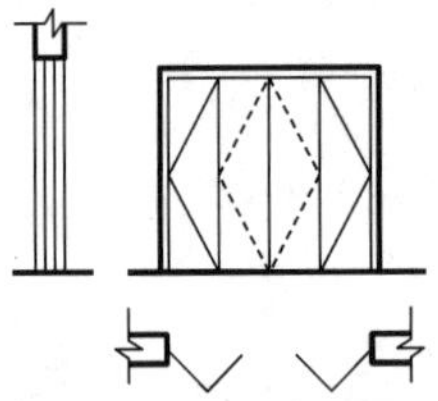	1. 门的名称代号用 M 表示 2. 平面图中，下为外、上为内 3. 立面图中，开启线实线为外开，虚线为内开，开启线交角的一侧为安装合页一侧 4. 剖面图中，左为外、右为内 5. 立面形式应按实际情况绘制
	推拉折叠门	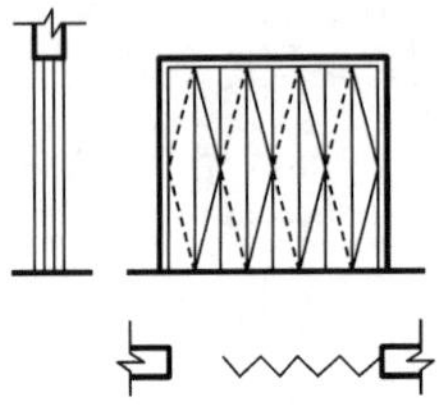	
19	墙洞外单扇推拉门	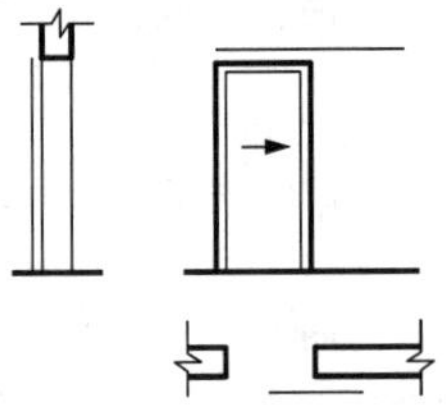	1. 门的名称代号用 M 表示 2. 平面图中，下为外、上为内 3. 剖面图中，左为外、右为内 4. 立面形式应按实际情况绘制
20	竖向卷帘门	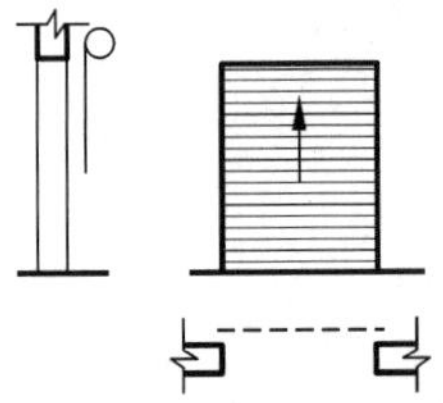	—

序号	名称	图 例	备 注
21	墙中单扇推拉门	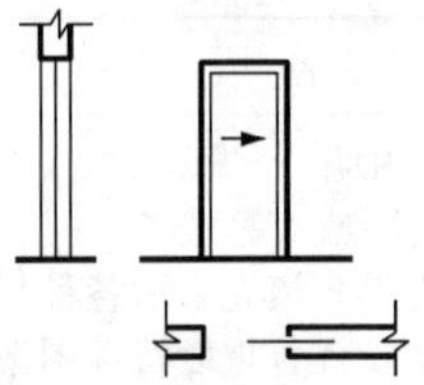	1. 门的名称代号用 M 表示 2. 立面形式应按实际情况绘制
21	推杠门	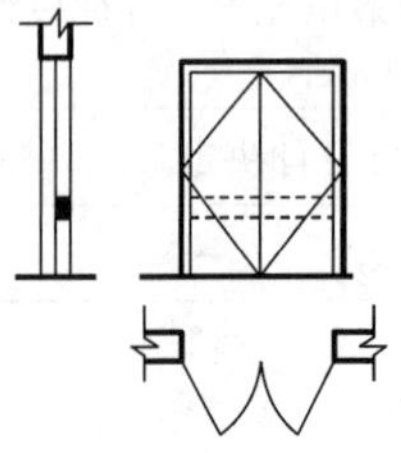	1. 门的名称代号用 M 表示 2. 平面图中，下为外、上为内（门开启线为 90°、60° 或 45°，开启弧线宜绘出） 3. 立面图中，开启线实线为外开，虚线为内开，开启线交角的一侧为安装合页一侧，开启线在建筑立面图中可不表示，在室内设计门窗立面大样图中需要绘出 4. 剖面图中，左为外、右为内 5. 立面形式应按实际情况绘制
23	门连窗	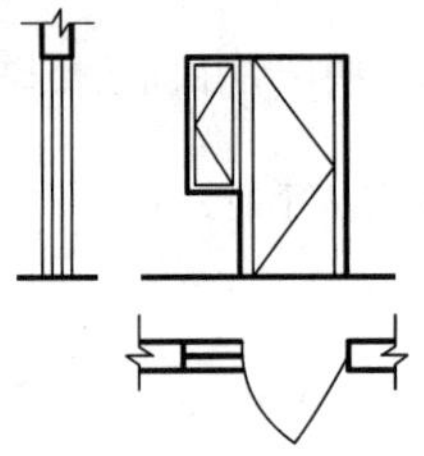	
24	旋转门	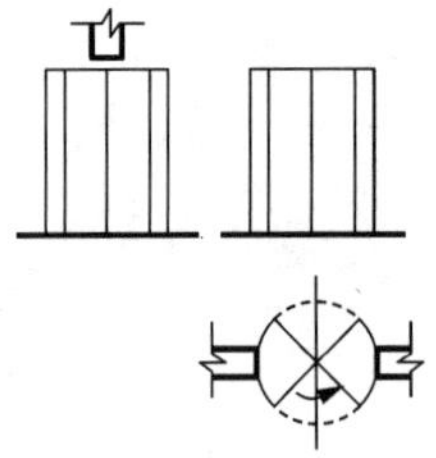	1. 门的名称代号用 M 表示 2. 立面形式应按实际情况绘制
25	自动门	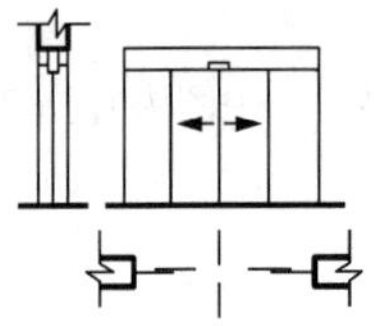	1. 门的名称代号用 M 表示 2. 立面形式应按实际情况绘制
26	折叠上翻门	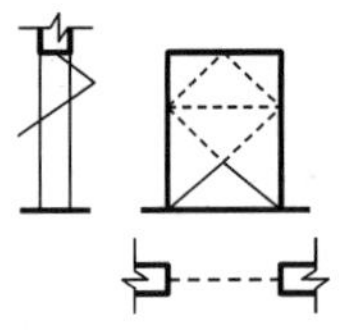	1. 门的名称代号用 M 表示 2. 平面图中，下为外、上为内 3. 剖面图中，左为外、右为内 4. 立面形式应按实际情况绘制
27	提升门	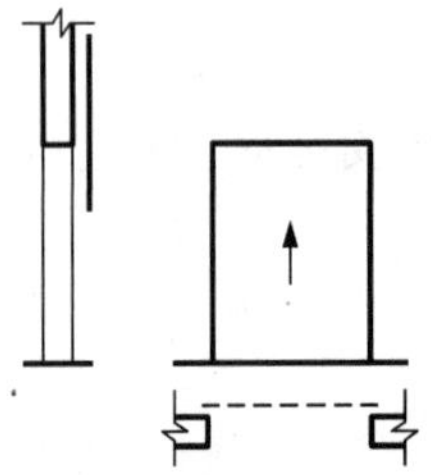	1. 门的名称代号用 M 表示 2. 立面形式应按实际情况绘制

序号	名称	图例	备注
28	固定窗		
29	上悬窗 中悬窗		1. 窗的名称代号用 C 表示 2. 平面图中，下为外、上为内 3. 立面图中，开启线实线为外开，虚线为内开，开启线交角的一侧为安装合页一侧，开启线在建筑立面图中可不表示，在门窗立面大样图中需要绘出 4. 剖面图中，左为外、右为内。虚线仅表示开启方向，项目设计不表示 5. 附加纱窗应以文字说明，在平、立、剖面图中均不表示 6. 立面形式应按实际情况绘制
30	下悬窗	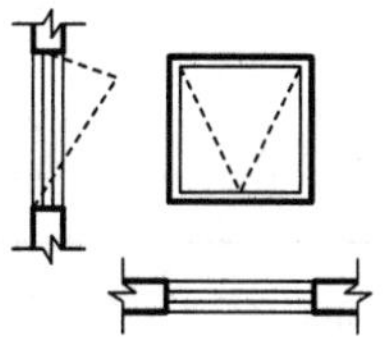	
31	立转窗		
32	单层外开 平开窗 单层内开 平开窗 双层内外 开平开窗		1. 窗的名称代号用 C 表示 2. 平面图中，下为外、上为内 3. 立面图中，开启线实线为外开，虚线为内开，开启线交角的一侧为安装合页一侧，开启线在建筑立面图中可不表示，在门窗立面大样图中需要绘出 4. 剖面图中，左为外、右为内。虚线仅表示开启方向，项目设计不表示 5. 附加纱窗应以文字说明，在平、立、剖面图中均不表示 6. 立面形式应按实际情况绘制

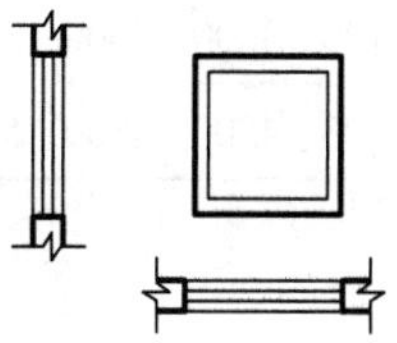

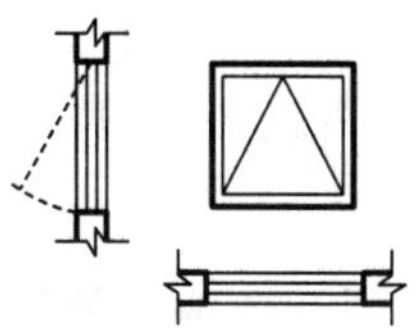

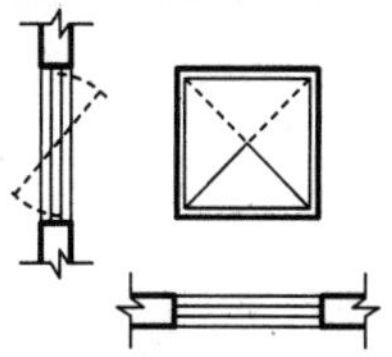

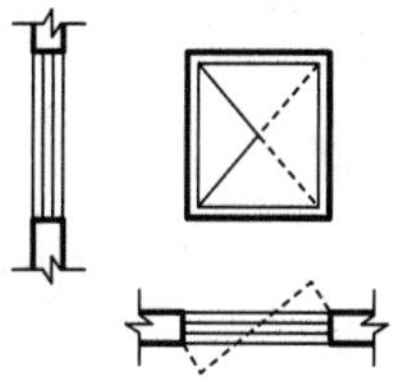

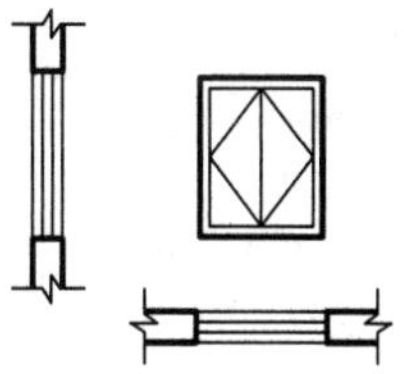

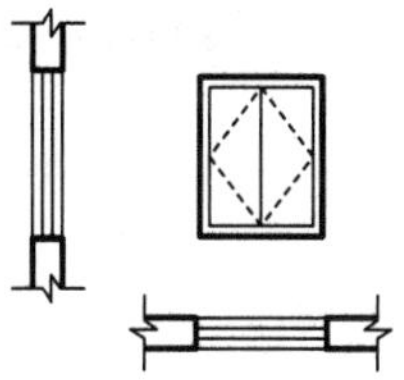

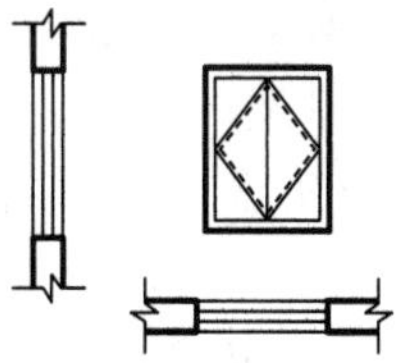

序号	名称	图例	备注
33	单层推拉窗	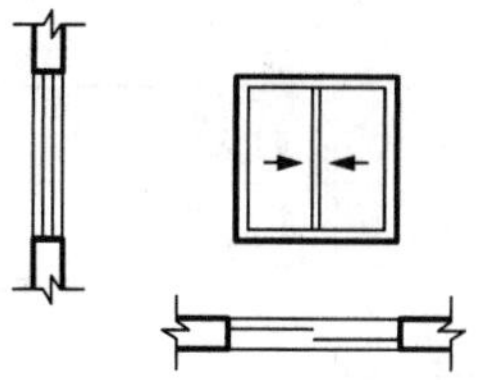	1. 窗的名称代号用 C 表示 2. 立面形式应按实际情况绘制
	双层推拉窗	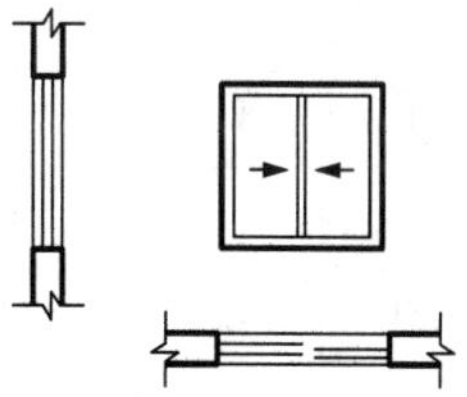	1. 窗的名称代号用 C 表示 2. 立面形式应按实际情况绘制
34	上推窗	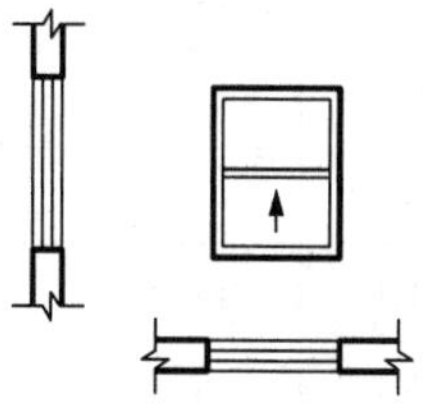	1. 窗的名称代号用 C 表示 2. 立面形式应按实际情况绘制
35	百叶窗	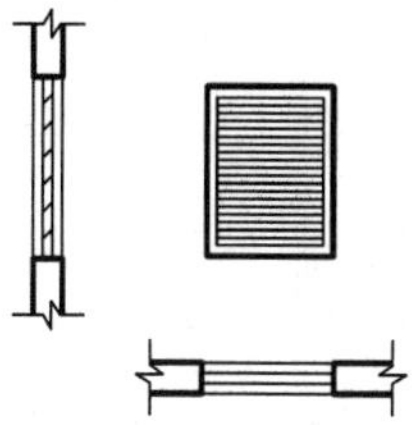	1. 窗的名称代号用 C 表示 2. 立面形式应按实际情况绘制
36	高窗	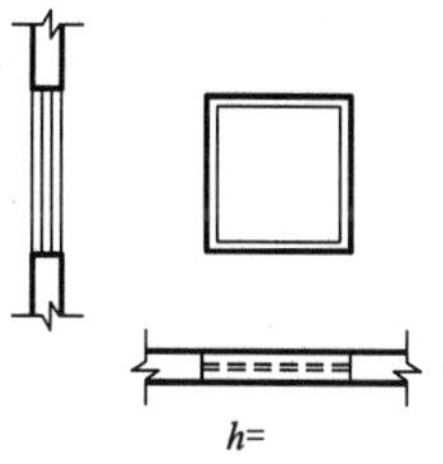	1. 窗的名称代号用 C 表示 2. 立面图中，开启线实线为外开，虚线为内开，开启线交角的一侧为安装合页一侧，开启线在建筑立面图中可不表示，在门窗立面大样图中需要绘出 3. 剖面图中，左为外、右为内 4. 立面形式应按实际情况绘制 5. h 表示高窗底距本层地面高度 6. 高窗开启方式参考其他窗型
37	平推窗	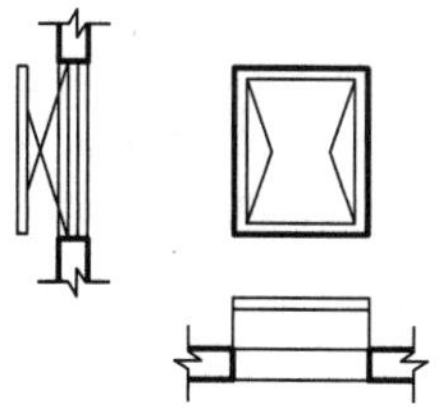	1. 窗的名称代号用 C 表示 2. 立面形式应按实际情况绘制

5. 常用构件代号

为使结构施工图简明清晰，国标规定了常用构件代号(如表3-6所示)。

表3-6 常用构件代号

序号	名称	代号	序号	名称	代号	序号	名称	代号
1	板	B	19	圈梁	QL	37	承台	CT
2	屋面板	WB	20	过梁	GL	38	设备基础	SJ
3	空心板	KB	21	连系梁	LL	39	桩	ZH
4	槽形板	CB	22	基础梁	JL	40	挡土墙	DQ
5	折板	ZB	23	楼梯梁	TL	41	地沟	DG
6	密肋板	MB	24	框架梁	KL	42	柱间支撑	ZC
7	楼梯板	TB	25	框支梁	KZL	43	垂直支撑	CC
8	盖板或沟盖板	GB	26	屋面框架梁	WKL	44	水平支撑	SC
9	挡雨板或檐口板	YB	27	檩条	LT	45	梯	T
10	吊车安全走道板	DB	28	屋架	WJ	46	雨篷	YP
11	墙板	QB	29	托架	TJ	47	阳台	YT
12	天沟板	TGB	30	天窗架	CJ	48	梁垫	LD
13	梁	L	31	框架	KJ	49	预埋件	M-
14	屋面梁	WL	32	刚架	GJ	50	天窗端壁	TD
15	吊车梁	DL	33	支架	ZJ	51	钢筋网	W
16	单轨吊车梁	DDL	34	柱	Z	52	钢筋骨架	G
17	轨道连接	DGL	35	框架柱	KZ	53	基础	J
18	车挡	CD	36	构造柱	GZ	54	暗柱	AZ

注: 1. 预制钢筋混凝土构件、现浇钢筋混凝土构件、钢构件和木构件，一般可以采用本表中的构件代号。在绘图中，除混凝土构件可以不注明材料代号外，其他材料的构件可在构件代号前加注材料代号，并在图纸中加以说明。

2. 预应力钢筋混凝土构件的代号，应在构件代号前加注"Y-"，如Y-DL表示预应力钢筋混凝土吊车梁。

在中南地区工程建设标准设计结构图集有如下规定：

(1)预应力混凝土空心板(YKB)构件的型号

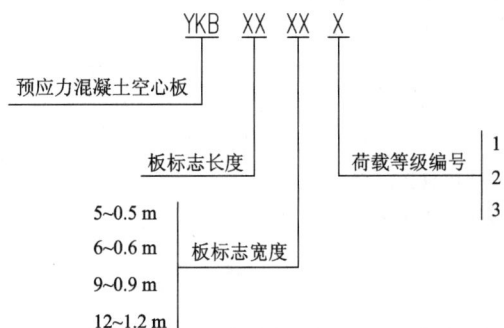

如YKB3661表示预应力混凝土空心板、标志长度3600 mm、标志宽度600 mm、荷载等级编号为1。

预应力混凝土空心板(YKB)构件的几何尺寸如下表所示(单位为mm)：

板厚(H)	标志宽度(B)	标志长度(跨度)(L)
120	500、600、900	2700、3000、3300、3600、3900
180	600、900、1200	4200、4500、4800、5100、5400

(2)过梁(GL)构件

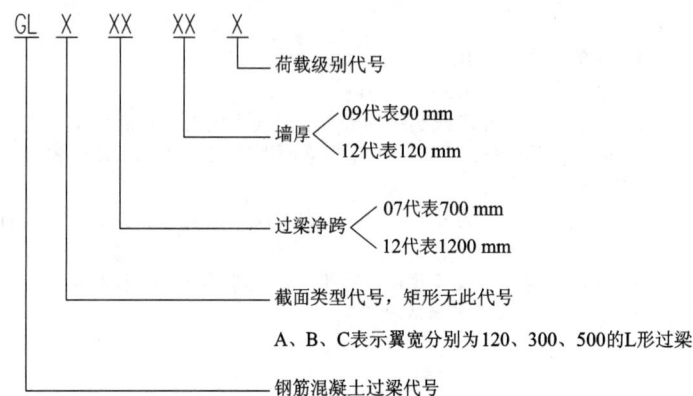

如GL09242表示矩形过梁、过梁净跨900 mm、墙厚240 mm、荷载级别代号为2。

过梁(GL)构件的几何尺寸如下表所示：

断面类型	墙厚/mm	过梁净跨 l_n/mm	均布外荷载设计值/(kN·m⁻¹)
矩形过梁(GL)	90	700、800、900	0
	120	700、800、900、1000、1200	
	190	700、800、900、1000、1200、1500	0、10、15、20
	240 370	700、800、900、1000、1200	0、10、15、20 25、30、35
		1500、1800、2100、2400	
		2700、3000、3300	
L形过梁 (A表示翼宽120，B表示翼宽300，C表示翼宽500)	240 370	700、900、1000、1200、1500、1800 2100、2400、2700、3000、3300	0、10、15、20

注: 均布外荷载设计值0、10、15、20、25、30、35分别用荷载级别代号1、2、3、4、5、6、7；100 mm、200 mm 厚墙体分别按90、190厚的选用，仅将墙厚相应改成100、200 mm，截面高度、钢筋直径和根数均不变。

6. 结构选型与布置的一般原则

(1)建筑技术表达中要注意的结构原则

1)在建筑技术表达作图中，要根据建筑平面布置及房屋层数和高度，选用合理的结构体系，如：砌体结构、框架结构、剪力墙结构、框架一剪力墙结构、单层厂房排架结构等。

2)根据平面尺寸及使用要求，合理布置承重墙体及柱子，以及楼盖、屋盖结构的梁板、屋架、檩条及支撑系统。

3)当建筑物较长时，应根据建筑结构有关伸缩缝间距的规定，确定伸缩缝的位置及缝宽。

4)当建筑物内层数或高度相差较大时，宜按建筑结构规范的有关规定，在层数或高度变化处设置沉降缝。

5)当有抗震设防要求时，要根据建筑抗震表达规范的规定，采取相应的抗震措施，如：设置防震缝，确定承重砌体的局部尺寸，砌体结构的构造柱，框架结构柱网应纵横两个方向布置等，以及其他有关规定。

(2)结构平面布置原则

1)合理地确定和布置竖向承重构件和抗侧力构件。这些构件一般包括：承重墙体、柱、框架和支撑等。墙体既是竖向承重构件，又是抗侧力构件，同时又是建筑平面分隔和围护的需要；框架是由梁和柱刚性连接组成的骨架，它能承受建筑物的竖向荷载，同时也能承担水平荷载(如风力、地震作用)；支撑是作为承担建筑物水平荷载的专用构件，主要用于单层厂房。钢结构和高层建筑中，墙体和柱均应有基础。砌体结构当层高较高时，需按墙体高厚比的验算，确定是否需加墙垛，以满足高厚比的要求。

2)楼盖结构布置原则：楼盖结构一般包括楼板和梁，相关结构布置原则如下。

①预制楼板

a. 使用预制板的条件

作为楼板支承构件之间的平面轴线尺寸符合预制板长度时，才能采用标准设计中的预制板，否则应对预制板长度进行调整；当楼板因使用要求需要开洞时，则不宜采用预制板，而宜采用现浇楼板，如厕所、浴室、厨房等部位；预制板除有固定长度尺寸外，其承载力也是固定的，故当楼层的使用荷载超过预制板的允许承载力时，则不能采用预制板，而需采用现浇板；平面形状复杂的楼板(如异形楼板)，不能采用预制板。

b. 预制板布置时应注意的问题

预制板的两端必须有支承点，该支承点可以是墙，也可以是梁；当为砌体结构时，预制板的侧边不得进墙；预制板的板端，不得伸入墙体内的构造柱，当遇构造柱时，应在构造柱位置拉开设置板缝；当有阳台或雨罩需要楼板作为平衡条件时，与阳台(雨罩)相连部分宜局部采用现浇板，和阳台(雨罩)连成整体；在一个楼板区格内，可根据情况部分采用预制板、部分采用现浇板。

②现浇楼板

a. 除了采用预制楼板以外，均可采用现浇楼板。

b. 所有现浇楼板均要有支承构件，如承重墙体、梁等。

c. 现浇楼板一般是四边支承，根据其受力特点和支承情况，又可分为单向板和双向板，当长边与短边之比不大于 2 时，应按双向板计算；当长边与短边之比大于 2 时，但小于 3 时，宜按双向板计算；当按沿短边方向受力的单向板计算时，应沿长边方向布置足够数量的构造钢筋；当长边与短边之比大于或等于 3 时，可按沿短边方向受力的单向板计算。

d. 现浇楼板的区格(或跨度)不宜太大；当跨度太大时宜加设梁，以减小板的跨度，避免板太厚。

③梁的布置原则：

梁是板的支承构件，因此梁应尽量根据板的经济跨度来布置；梁必须有可靠的支承构件，一般为柱或承重墙；当梁的支承构件为承重墙时，梁的位置宜避开门、窗洞口；当楼板有超过 1.0 m 的大洞口时，宜在洞边布置梁；作为预制板的支承梁时，梁的间距应符合预制板的长度；砌体结构的门窗洞口上需加钢筋混凝土过梁，当在层高范围内有上、下窗洞时，要注明上过梁、下过梁；砌体结构中，当梁的跨度较大或梁端反力很大时，宜在梁端处的墙体中加设构造柱。

④阳台、雨罩的结构布置：

a. 阳台、雨罩一般采用现浇为宜；有条件时，也可采用预制构件。

b. 阳台、雨罩布置时，应保证有可靠的抗倾覆和锚固措施：

当阳台和雨罩采用挑梁结构时，应尽量和内部现浇楼板连成整体，利用内部楼板平衡抗倾覆；当采用预制阳台和雨罩时，预制构件必须伸进墙内，其根部要有锚固措施，并与现浇板缝(或现浇板)浇在一起；对挑出尺寸较大的阳台(雨罩)，宜采取加挑梁的方法，挑梁必须伸入内部墙体足够的长度。

⑤大门头的结构布置：

大门头一般尺寸较大，故不宜采用预制结构，宜采用现浇钢筋混凝土结构，其结构布置有以下两种：挑出尺寸不大时，可采用挑梁结构，这时挑梁必须能伸入墙体内部与楼层结构相连；当挑出尺寸较大，下面要求停车时，宜在挑梁外端处加柱。若不能加柱时也可采用在上面加斜拉杆的方法。

7. 建筑材料强度等级

(1)《混凝土结构设计规范》规定的混凝土强度等级有 C15、C20、C25、C30、C35、C40、C45、C50、C55、C60、C65、C70、C75 和 C80，共 14 个等级。如 C20 为混凝土强度等级，以混凝土英文名称第一个字母 C 加上其抗压强度标准值来表达抗压强度标准值 20，就是 20 MPa，也就是 20 N/mm²。

(2)《砌体结构设计规范》规定的烧结多孔砖、烧结普通砖的强度等级分为：MU30、MU25、MU20、MU15、MU10 五个等级。

(3)《砌体结构设计规范》规定的砌筑砂浆强度等级分为：M 20、M15、M10、M7.5、M5、M2.5 六个等级。

二、实训项目图样资料

实训项目图样为某农业科技大楼工程项目，相关图样资料如下(由于考虑作图时图幅的大小和图样的布置以及工程变更的原因，实物照片为六层，而图样部分改为五层)：

1. 建筑实例照片

某农业科技大楼实体照片，如图 3-5 所示。

2. 建筑轴测图

该农业科技大楼的轴测图，如图 3-6 所示。

3. 建筑工程施工图

(1)建筑施工图，如图 3-7～图 3-22 所示。

(2)结构施工图，如图 3-23～图 3-41 所示。

(3)给排水施工图，如图 3-42～图 3-50 所示。

图 3-5　某农业科技大楼建筑实体照片

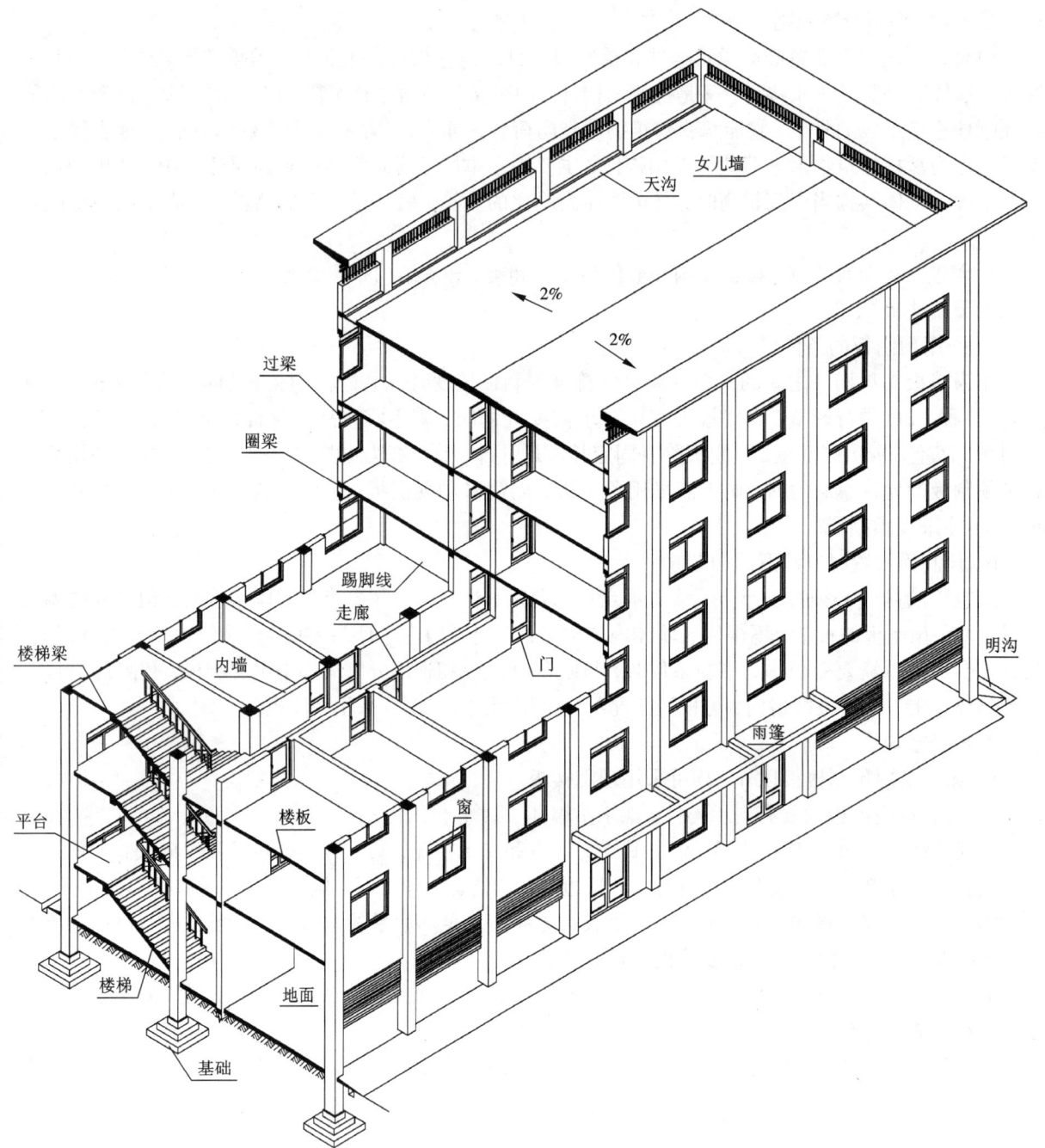

图 3-6　农业科技大楼建筑轴测图

图纸目录

序号	图别	图号	图纸内容	备注
1	首页	00	图纸目录 门窗表 建筑装修做法	
2	建施	01	建筑施工图设计总说明	
3	建施	02	总平面图	
4	建施	03	一层平面图	
5	建施	04	二层平面图	
6	建施	05	三层平面图	
7	建施	06	四顶平面图	
8	建施	07	五顶平面图	
9	建施	08	屋顶平面图	
10	建施	09	①～⑩立面图	
11	建施	10	⑩～①立面图	
12	建施	11	1—1剖面图 Ⓐ～Ⓕ立面图	
13	建施	12	2—2剖面图 Ⓕ～Ⓐ立面图	
14	建施	13	3—3剖面图	
15	建施	14	楼梯平面详图	
16	建施	15	4—4剖面图（楼梯剖面详图）	

门窗表

编号	数量	连框(洞口)尺寸(mm) 宽(B)	连框(洞口)尺寸(mm) 高(H)	图集编号	备注
C-1	68	1800	1800		墨绿色彩钢窗5mm平板白玻 专业制作安装
C-2	10	1500	1800		墨绿色彩钢窗5mm平板白玻 专业制作安装
C-3	10	900	900	98ZJ721	铝合金推拉窗离地1.8m安装
C-4	5	1800	1500		墨绿色彩钢窗5mm平板白玻离地1.2m安装
M-1	2	1800	3000		彩钢门
M-2	3	1500	2100		防盗门
M-3	50	1000	2100		防盗门
M-4	1	1500	2100		卷闸门
M-5	16	800	2100	98ZJ681	夹板门
M-6	3	按实	3000	88ZJ611	卷闸门
M-7	1	按实	3000	88ZJ611	卷闸门
M-8	1	按实	3000	88ZJ611	卷闸门

建筑装修做法表

分类	图集	编号	名称	使用部位
地面	中南标 11ZJ001	地101	水泥砂浆地面	器械库
		地207	花岗石地面	走道,楼梯间地面
		地202-F	陶瓷地砖地面	卫生间
		地202-XF	陶瓷地砖地面	下沉式卫生间
		地202	800X800米色陶瓷地砖地面	其他
楼面	中南标 11ZJ001	楼207	花岗石楼面	走道,楼梯间楼面
		楼202-F	陶瓷地砖楼面	卫生间
		楼202-XF	陶瓷地砖楼面	下沉式卫生间
		楼202	800X800米色陶瓷地砖楼面	办公室楼面
外墙装修	中南标 11ZJ001	外墙13-A	面砖外墙（见立面图）	
内墙装修	中南标 11ZJ001	内墙102-A	混合砂浆墙面 面层仿瓷3遍	所有房间
墙裙	中南标 11ZJ001	裙5-A	200X300面砖墙裙1.8m高	洗手间,卫生间
踢脚	中南标 11ZJ001	踢7-A	花岗石踢脚	楼梯间、走道
		踢5-A	面砖踢脚	其余所有踢脚
顶棚	中南标 11ZJ001	顶103	混合砂浆顶棚(面层仿瓷3遍)	所有房间
屋面	中南标 11ZJ001	屋102	混凝土板保护层屋面	
散水暗沟	中南标 11ZJ901	7-4	砖砌散水 暗沟	

XX设计院

注册师盖章

项目经理盖章

修改记录

建设单位

工程名称 农业科技大楼

图名 首页图

合同号

图别	首页	图号	00
版次		日期	

项目负责人

方案设计

设计

制图

校对

审核

专业负责

审定

院技术负责人

印刷体 签署

会签

建筑

结构

给排水

电气

暖通/燃气

图 3-7 首页图

施工图设计总说明

一、施工图设计依据

1. 建设主管单位对初步设计或方案设计的批复。
2. 规划主管单位对初步设计或方案设计的批复。
3. 消防、人防等有关主管部门对初步设计或方案设计的批复。
4. 建设主管单位对初步设计"设计修改意见和确认书"。
5. 经批准的本工程设计任务书、设计合同书（或委托书）、方案设计文件、建设方的意见。
6. 建设单位所提供有关部门划定的用地红线、建筑红线和地质勘测报告等设计基础资料。
7. 本工程初步设计文本和图纸。
8. 现行的国家、省、市有关政策、规范、规定和标准，以及国家有关工程施工及验收规范。
9. 本施工图需经施工图审查中心审查批准后方可用于施工。

二、工程概况

1. 建设地点、设计范围详总平面图。
2. 建筑规模：建筑面积：2040.09m²，建筑基底面积：402.15m²
3. 建筑设计使用年限：50年（3类）
4. 建筑层数：5层
5. 建筑高度：17.700m
6. 耐火等级为二级。
7. 屋面防水等级为：Ⅱ级。

三、建筑单体图纸一般说明

1. 由建设方首先根据总图中的坐标和标高进行试放线，无误后才能组织施工。如发现不符应及时通知设计方做调整。

设计标高：±0.000=76.35m（黄海高程基准）。

2. 本设计不含二次装修，仅提供部分部位基本装修做法，详室内装修表。二次装修设计方案与设计方协商确定后，方可进行实施。施工中共同做好配合与协调工作。

四、建筑构造说明

（一）墙体工程

1. 材料：墙体：烧结多孔砖
墙厚：除厕所隔墙120厚，其余墙体为240厚。

2. 预埋在柱、梁、墙内的管件、预埋件和孔洞均应在浇捣混凝土前和砌筑时就位，建施图中未标注的，施工时应结施和设备图，并且配合留洞，切勿遗漏。待管道设备安装完毕后，用非燃烧材料将缝隙紧密填塞。

3. 除施工图中注明外，墙体开门处墙梁宽均为120。

（二）墙体防水工程

1. 有防水、防潮要求的墙面应使用水泥砂浆底灰。
2. 墙身防潮层：砖砌墙防潮层应设置在室内地面以下60mm处，做法为20厚 1：2水泥砂浆内加 5%防水剂。
3. 卫生间墙根部应做C20现浇混凝土，高度为120mm的条带。直接被淋水的墙面，应做墙面防水砂浆隔离层，详国标11J930 51/1-1-17页。

（三）楼地面防水工程

1. 凡设有地漏房间建筑地面就应做防水隔离层，楼地面低于相邻房间≥20mm，均在地漏周围1m范围内做1%坡度坡向地漏；有大量排水要求建筑地面的应设排水沟和集水坑。
2. 楼地面沟槽，管道穿楼板及楼板接墙面处应严密防水，防渗漏。

3. 卫生间内墙抹灰应采用防水砂浆。卫生间防水涂膜高度应设计在1.8m以上，应采用环保防水材料，防止室内空气污染；同时应考虑与后期装修防水材料和瓷砖等易结合，防止瓷砖脱落。防水层应沿墙四周上翻，高出地面不小于300mm。管道根部、转角处，墙根部位应做防水附加层。

4. 首层地面现浇混凝土设垫层伸缩缝：器械库地面面积较大垫层应设置纵横缝。其中纵向缝用平头缝，缝距20mm，缝距3~6m，横向宜用假缝，缝距5~20mm，缝距3~6m，缝深30mm，缝内填1：3水泥砂浆。

（四）屋面防水工程

1. 屋面为混凝土板保护层平屋面，采用Ⅱ级防水，结构找坡或保温层找坡，做法详 11ZJ001屋102，卷材防水、保温、上人屋面。屋面（含天沟、檐沟）找平层的排水坡度，必须符合设计要求。

2. 屋面的找平层、刚性防水层应设分格缝，缝宽30mm，做法详 11ZJ201 2、4/34页。

3. 女儿墙，高低跨等处均设泛水，泛水高度未注明者为350，做法参照 11ZJ201 1/24页。

4. 砖砌女儿墙构造柱、压顶板详见结施图，女儿墙与框架梁柱相接处，应设置钢丝网抹灰，防止表面开裂。

5. 内排水雨水管见水施图，外排水雨水管、雨水斗：为 D=110白色硬质UPVC雨水管（单个雨水斗汇水面积雨水斗及配件选用 200m²），配套成品，参照 11ZJ201 2/37页。

6. 伸出屋面的排气管道防水，参11ZJ201 3/16页。

（五）门窗工程

1. 建施图中所注门窗尺寸均为洞口尺寸，要求先在施工现场复核实际洞口尺寸，并按饰面材料缝隙尺寸不同，调整窗构造尺寸，整窗构造尺寸，放样无误后才可制作安装。门窗大样中只表示门窗分框开启方式及尺寸。

（六）楼梯间栏杆 窗台栏杆 窗台板工程

1. 楼梯间栏杆选用 11ZJ401 Ⓦ/⑫ 扶手选用 ㊲/⑨ 起步选用 ⑨/㊳ 防滑选用 ④/③

2. 当楼面窗台低于0.9m时，均应增设防护栏杆，做法详11ZJ401 ㉗/34，窗台高度低于0.5m时，护栏自窗台面算起。

五、室外装修工程

1. 外墙装修详见立面图，所选用的各种石材、面砖、铝材、涂料等材料，除有出厂合格证和检测报告外，实际材料到货后，须抽样送检，检测合格才能使用。装饰面均由施工单位提供样板，由设计和建设单位确认后进行封样，并据此验收。

2. 内外墙和墙裙饰面对基层抹灰施工要点详建筑装饰工程施工及验收规范（JGJ73-91），外墙抹灰有关说明详11ZJ001 98页；内墙及墙裙抹灰有关说明详 11ZJ001 42页

3. 凡窗顶线、外窗台、窗套、雨蓬、空调器安装搁板等均应做泛水坡度、滴水线或滴水槽，做法详 11ZJ901 ㉑/㉑ - ㉙/㉙

4. 室外台阶、路步、散水、坡道、花池、雨蓬泛水、墙身节点和变形缝等做法详图中标注。

六、其他工程

1. 卫生间排气道均选用成品排气道。
2. 配电箱：所有配电箱均暗装，位置及尺寸详见电气图。
3. 铁制构件配件：铁件外露部分先除锈，红丹打底，在刷二遍防锈漆。
4. 本说明未尽事宜，须严格按照国家"建筑施工安装工程验收规范"执行。本建施未经本设计单位和设计人员的同意不得擅自修改。

ＸＸ 设 计 院	
注册师盖章	
项目经理盖章	
修改记录	
建设单位	
工程名称	农业科技大楼
图 名	建筑施工图设计总说明
合同号	
图别 建施	图号 01
版次	日期

项目负责人	
方案设计	
设 计	
制 图	
校 对	
审 核	
专业负责	
审 定	
院技术负责人	
印刷体	签 署

会 签	
建 筑	
结 构	
给排水	
电 气	
暖通/燃气	

图3-8 建筑施工图设计总说明

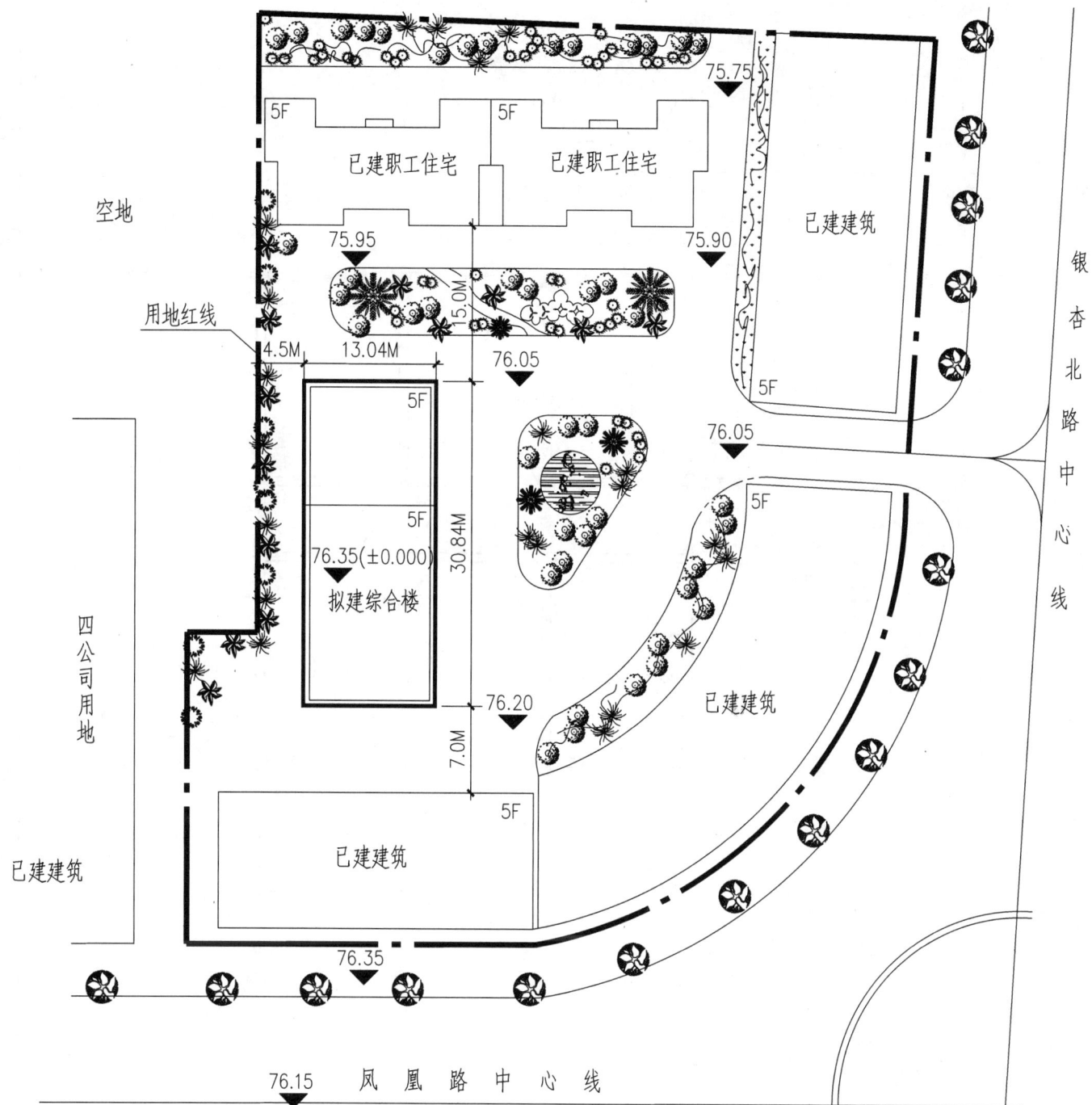

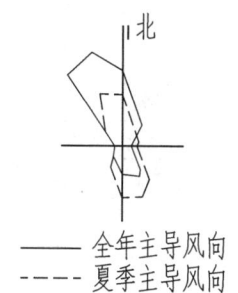

図 3-9 建筑总平面图

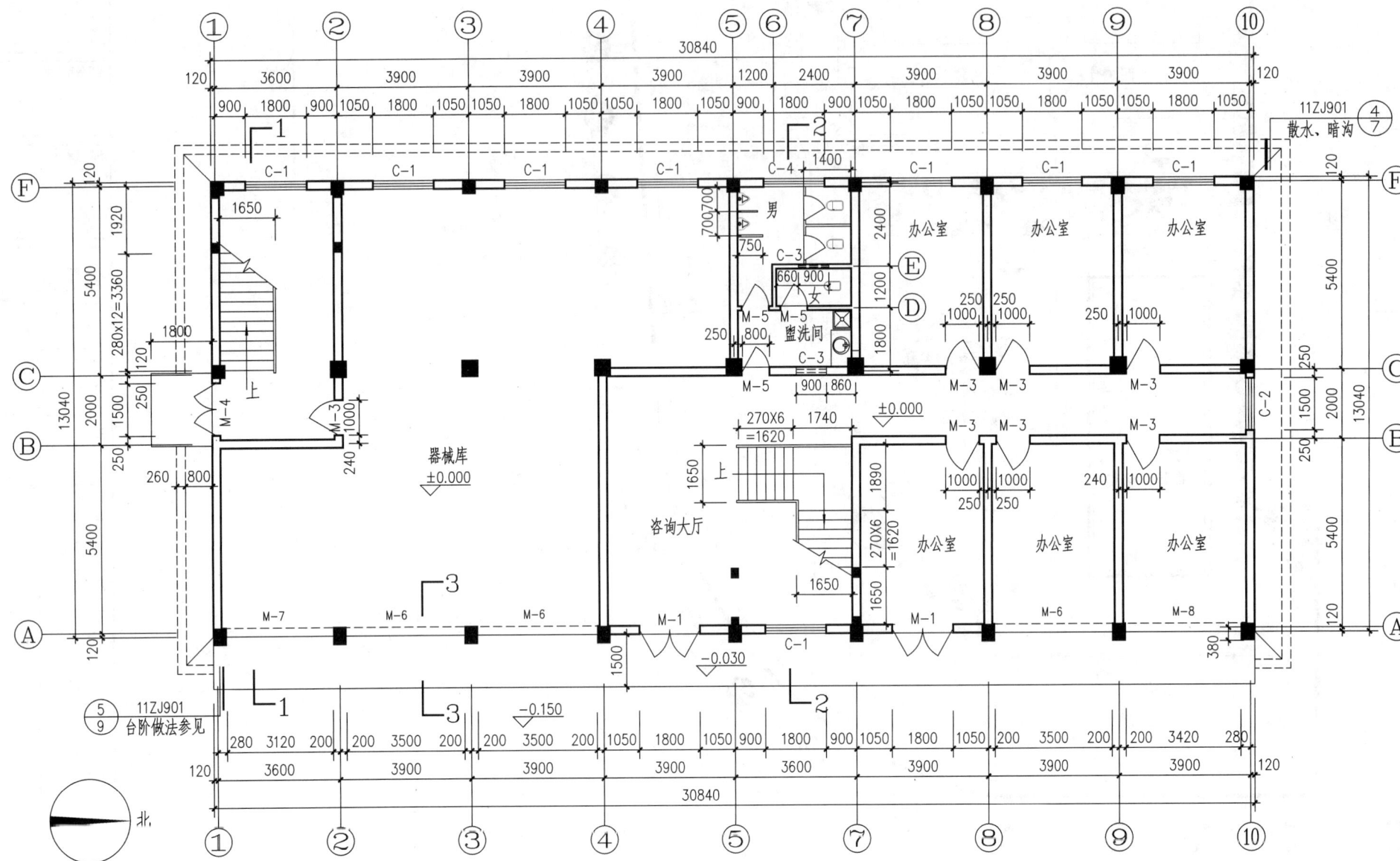

图 3-10 一层平面图

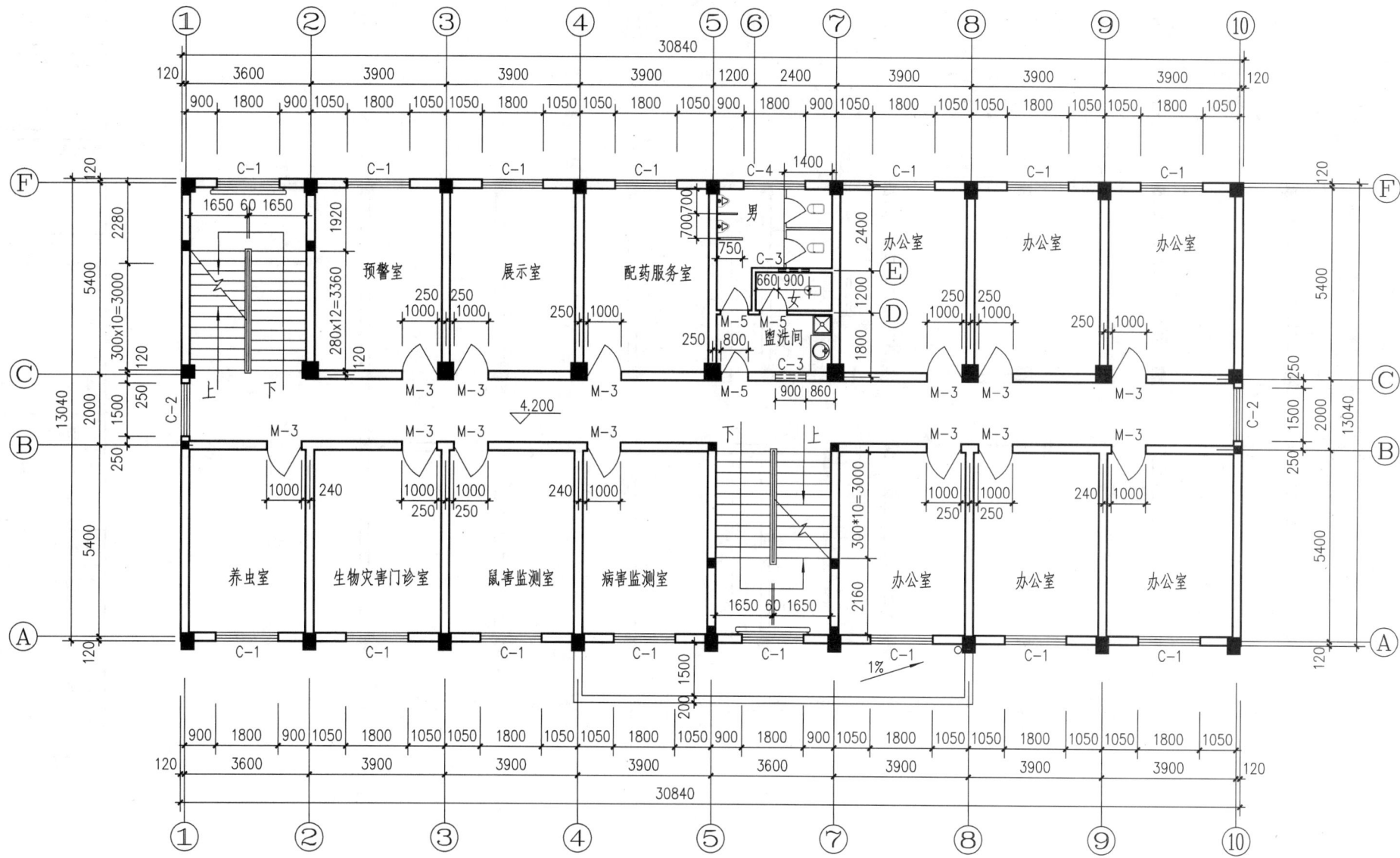

二层平面图 1:100

图 3-11 二层平面图

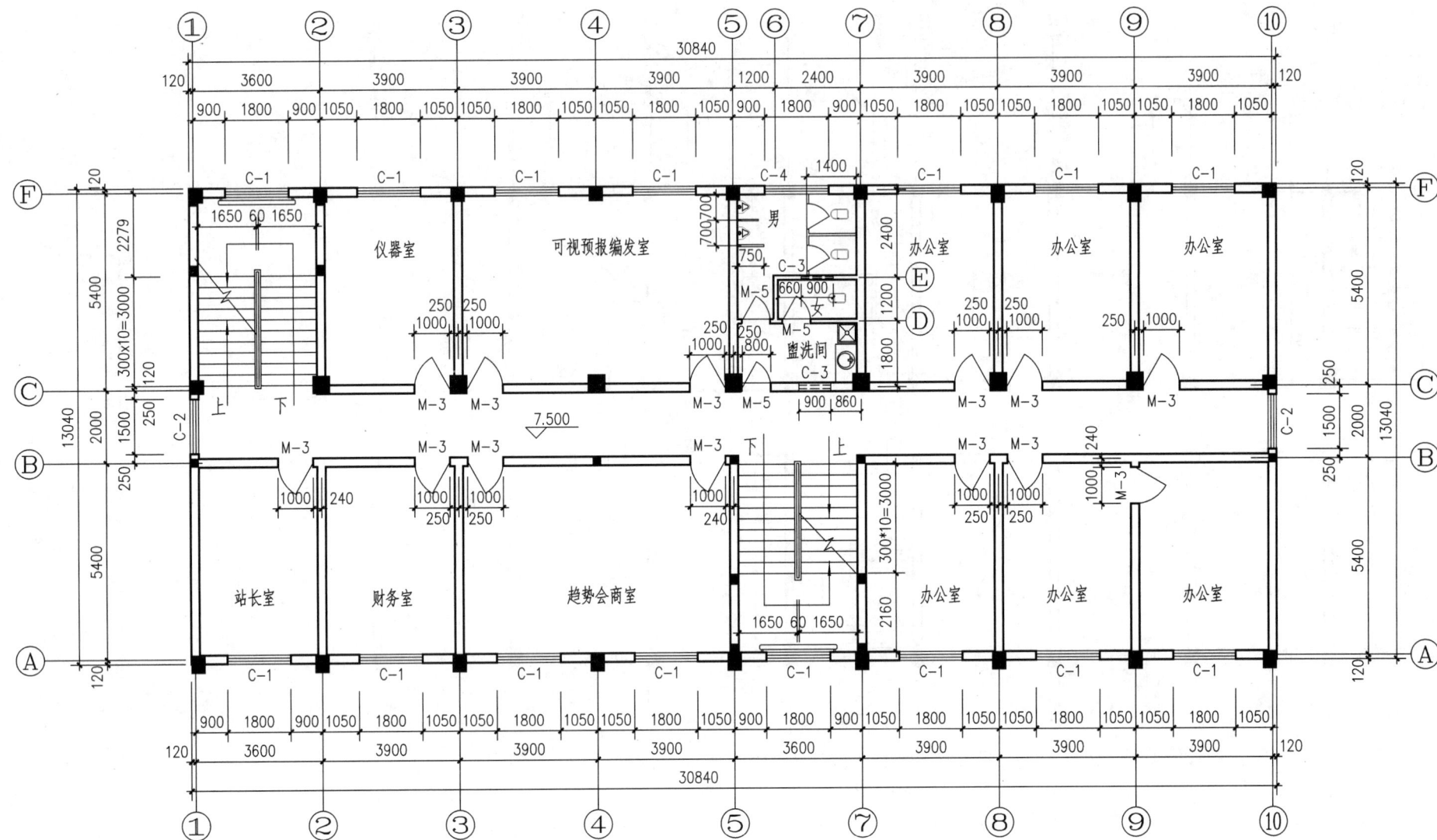

图 3-12 三层平面图

Drawing labels and text within the floor plan:

三层平面图 1:100

仪器室　可视预报编发室　办公室　办公室　办公室

盥洗间　男　女

站长室　财务室　趋势会商室　办公室　办公室　办公室

上　下　7.500

C-1　C-4　C-2　C-3　M-3　M-5

30840

5400　13040　5400

XX设计院
注册师盖章
项目经理盖章
修改记录
建设单位
工程名称　农业科技大楼
图名　三层平面图
合同号
图别　建施　图号　05
版次　日期
项目负责人
方案设计
设计
制图
校对
审核
专业负责
审定
院技术负责人
印刷体　签署
会签
建筑
结构
给排水
电气
暖通/燃气

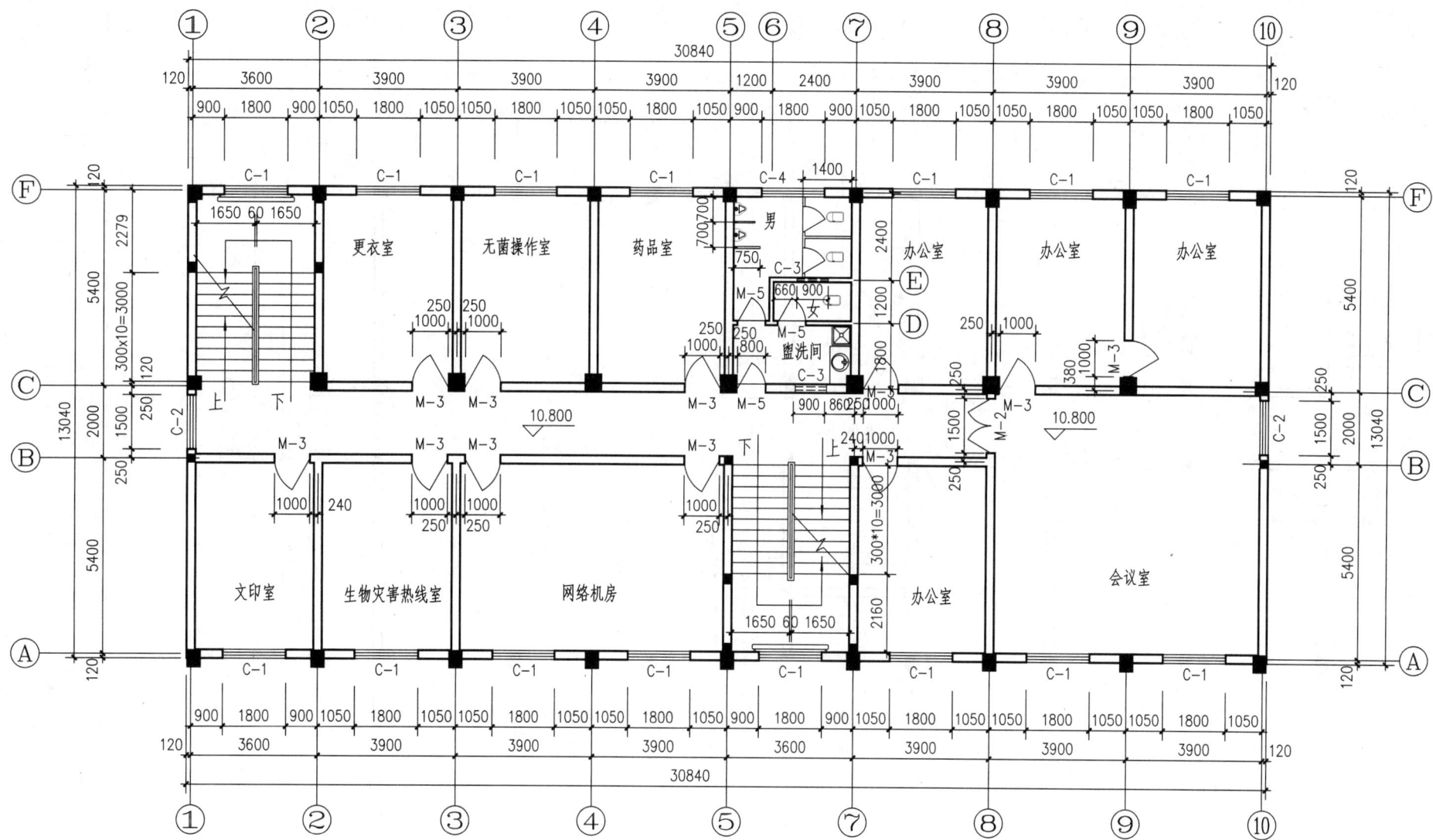

图 3-13 四层平面图

59

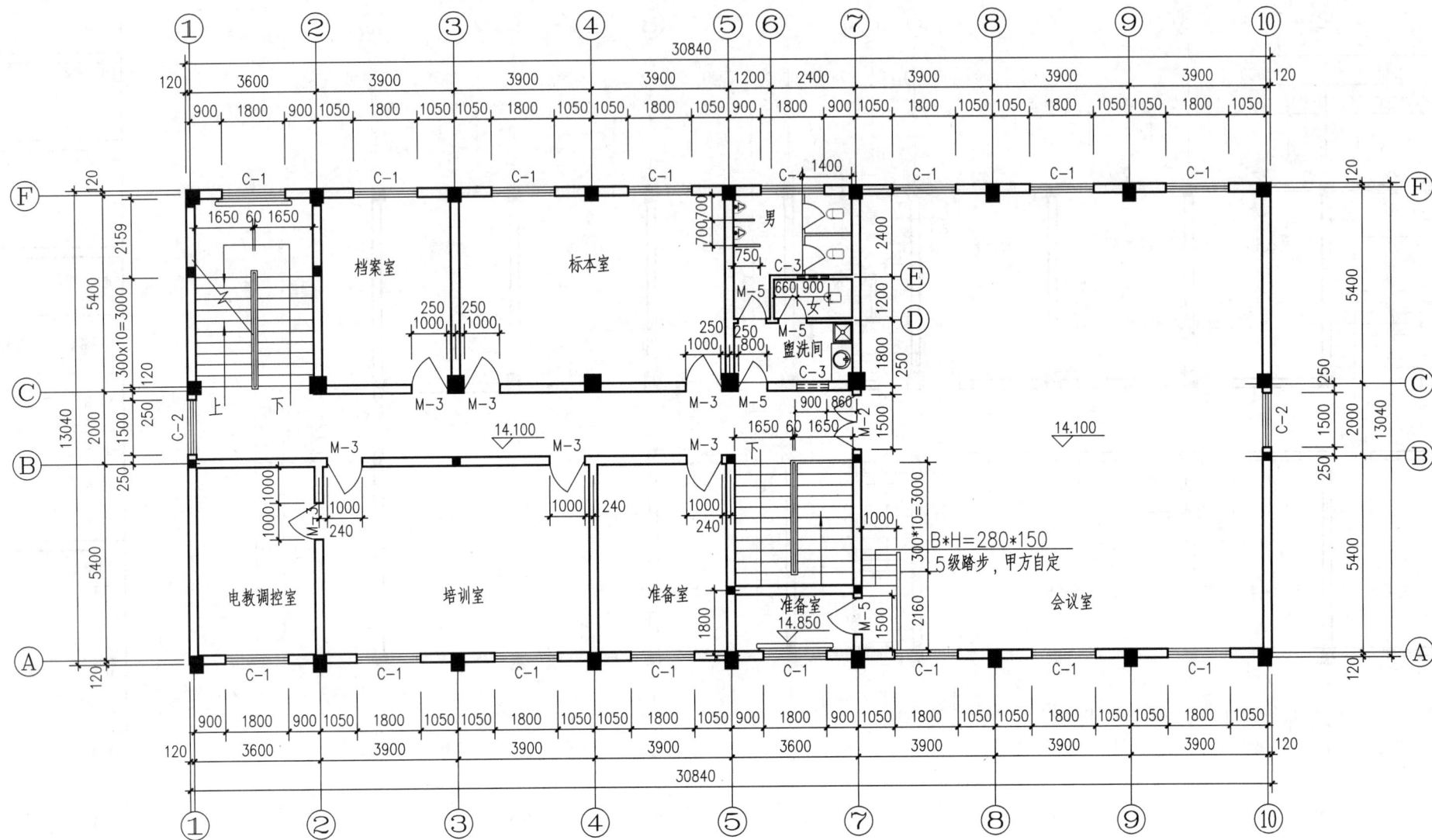

五层平面图 1:100

图 3-14 五层平面图

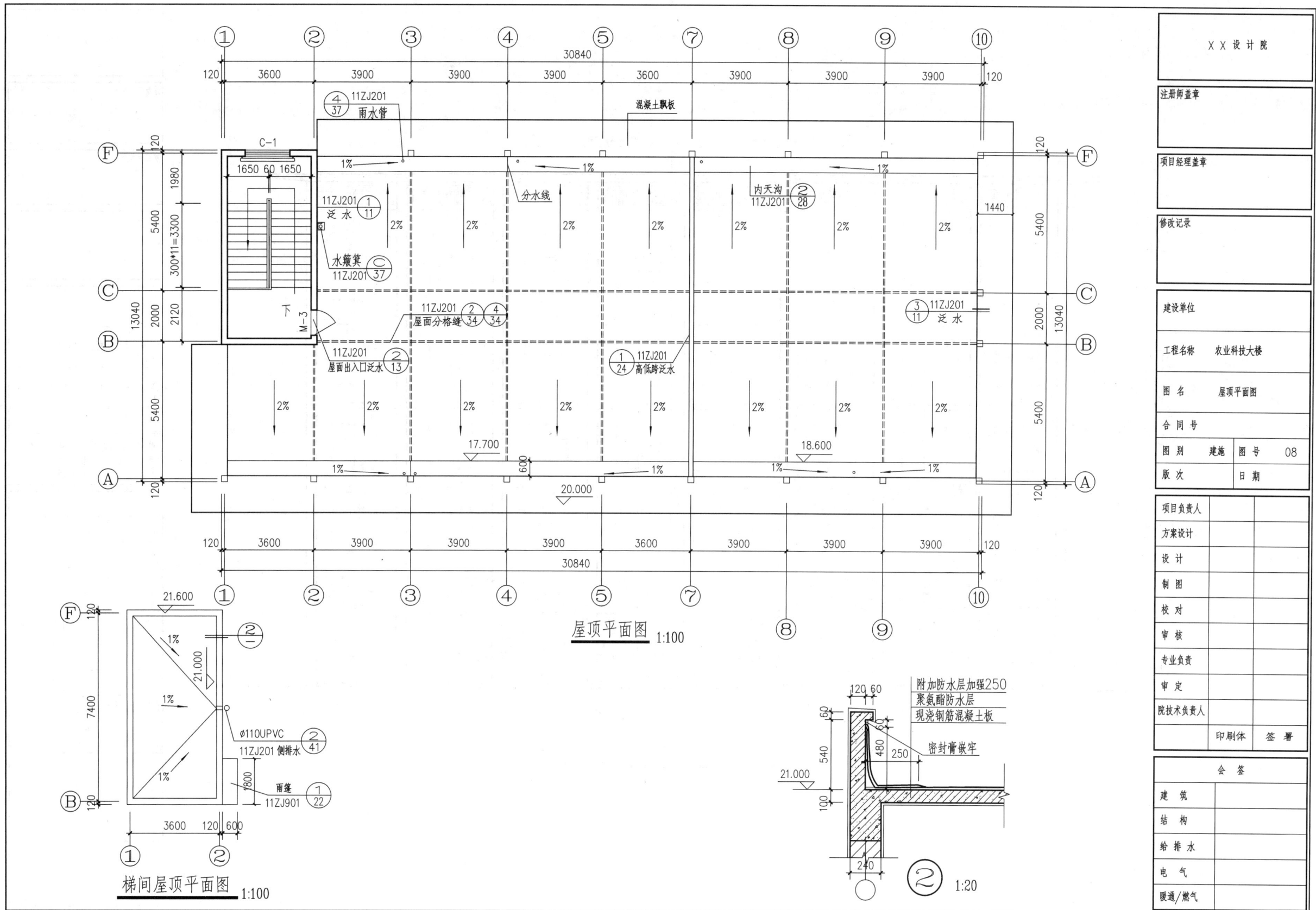

屋顶平面图 1:100

XX设计院

注册师盖章	
项目经理盖章	
修改记录	

建设单位	
工程名称	农业科技大楼
图名	屋顶平面图
合同号	
图别 建施	图号 08
版次	日期

项目负责人	
方案设计	
设计	
制图	
校对	
审核	
专业负责	
审定	
院技术负责人	
印刷体	签署

会签	
建筑	
结构	
给排水	
电气	
暖通/燃气	

梯间屋顶平面图 1:100

附加防水层加强250
聚氨酯防水层
现浇钢筋混凝土板
密封膏嵌牢

② 1:20

图3-15 屋顶平面图及节点详图

61

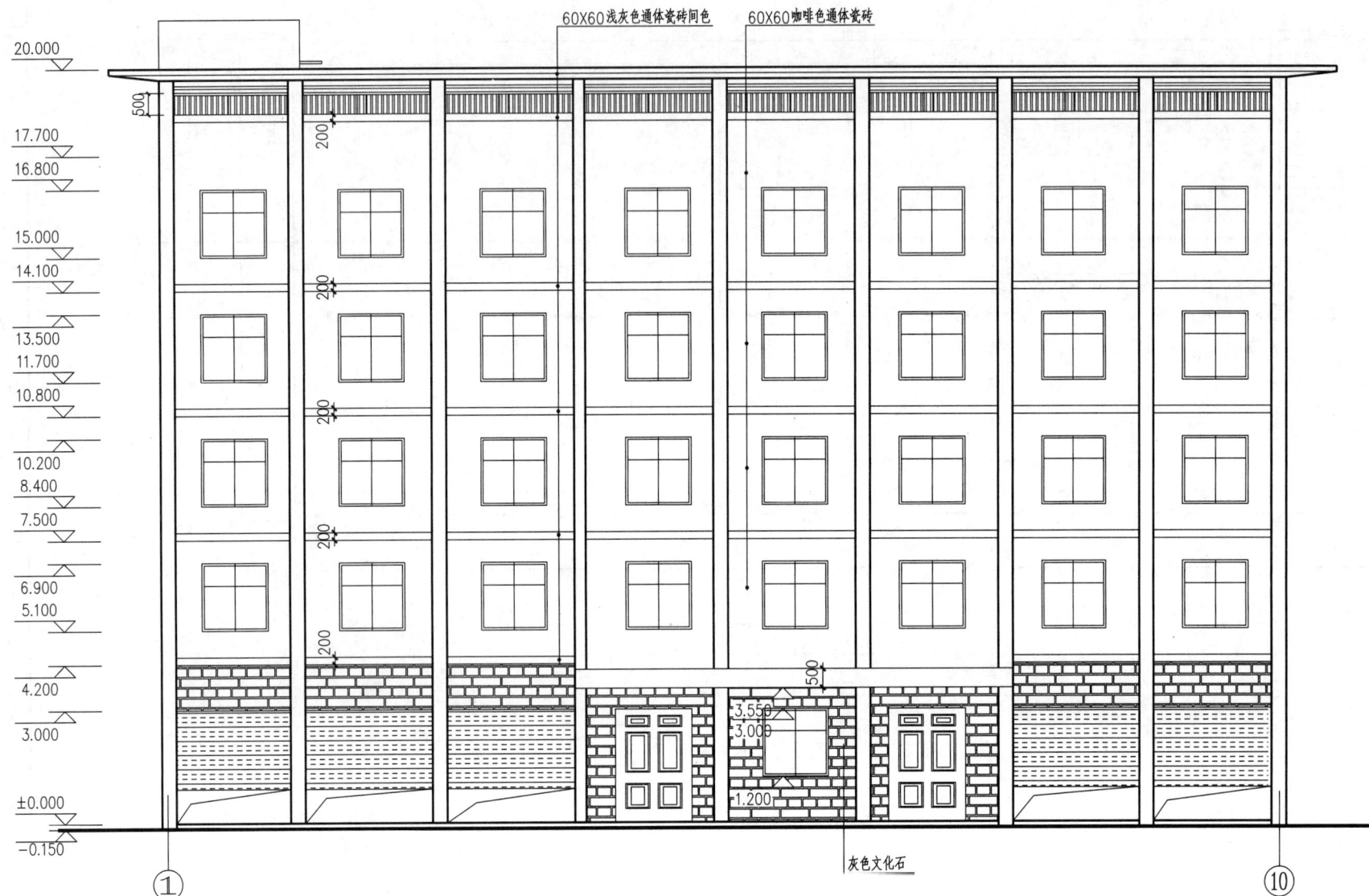

60X60浅灰色通体瓷砖同色　　60X60咖啡色通体瓷砖

20.000

17.700
16.800

15.000
14.100

13.500
11.700
10.800

10.200
8.400
7.500

6.900
5.100

4.200
3.000

±0.000
-0.150

3.550
3.000

1.200

灰色文化石

①

⑩

①～⑩立面图　1:100

ＸＸ设计院

注册师盖章

项目经理盖章

修改记录

建设单位

工程名称　农业科技大楼

图　名　①～⑩立面图

合同号

| 图别 | 建施 | 图号 | 09 |
| 版次 | | 日期 | |

项目负责人	
方案设计	
设　计	
制　图	
校　对	
审　核	
专业负责	
审　定	
院技术负责人	

印刷体　签署

会　签	
建　筑	
结　构	
给排水	
电　气	
暖通/燃气	

图 3-16　①～⑩立面图

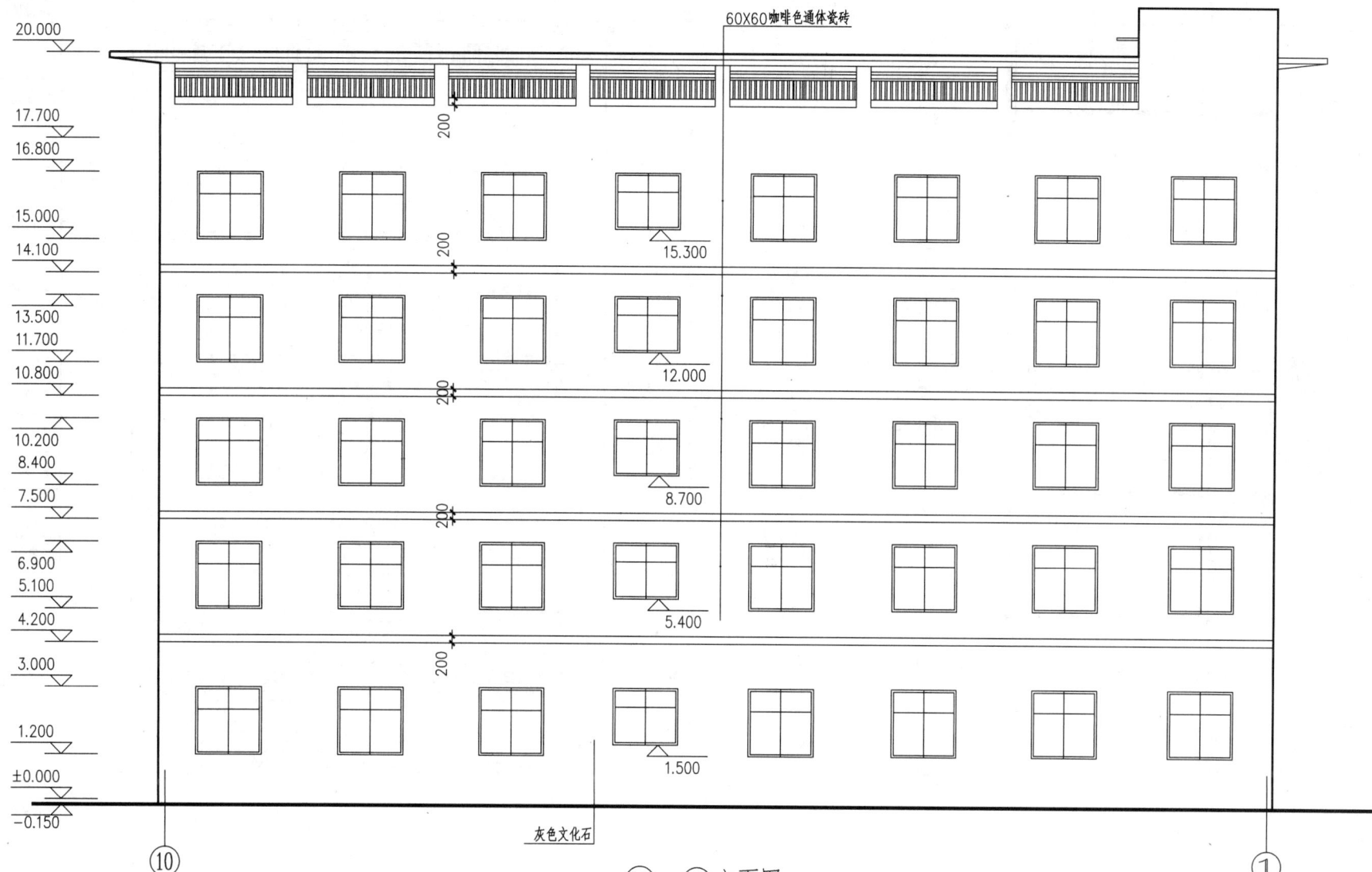

图 3-17　⑩～①立面图

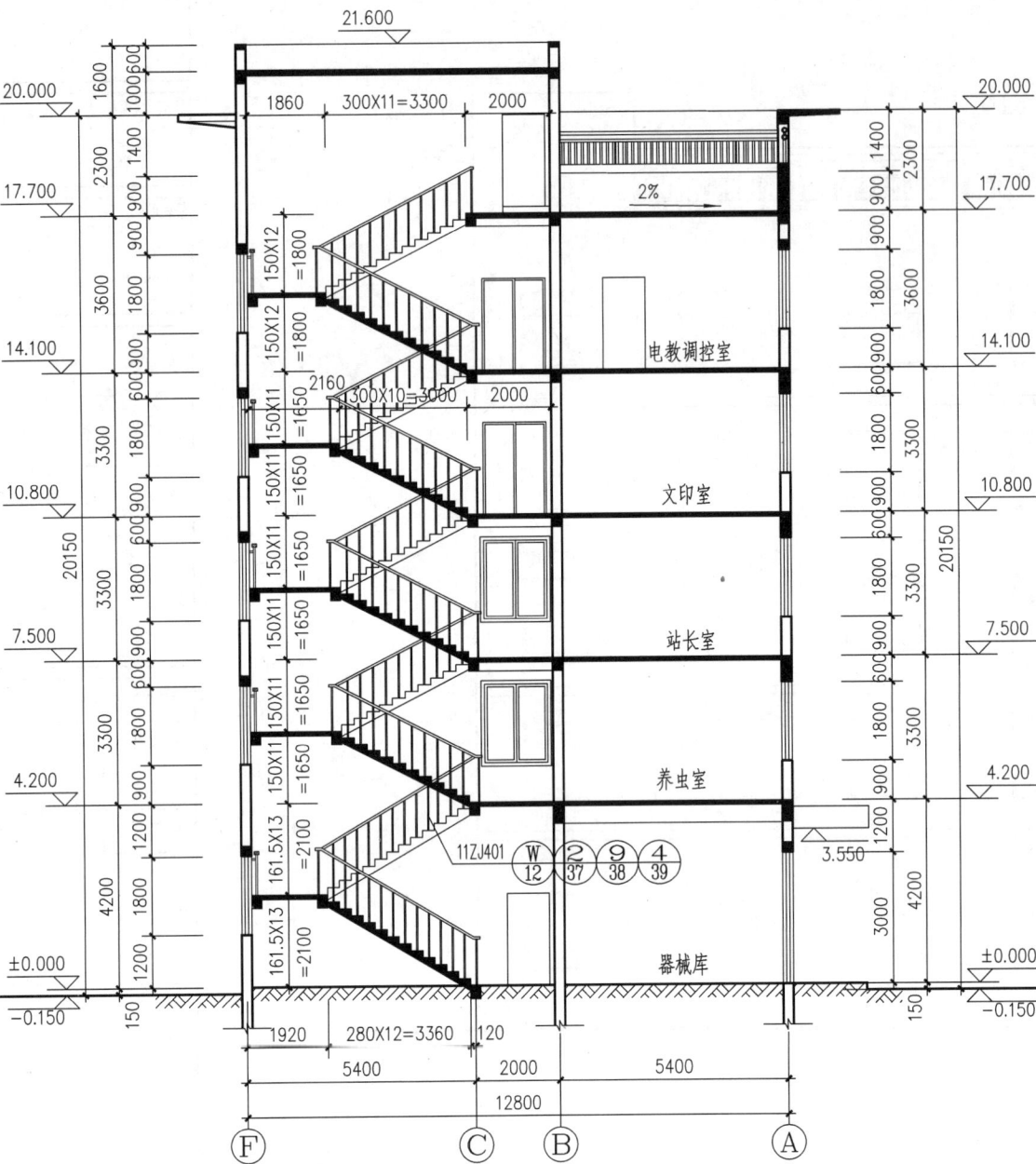

1—1剖面图 1:100

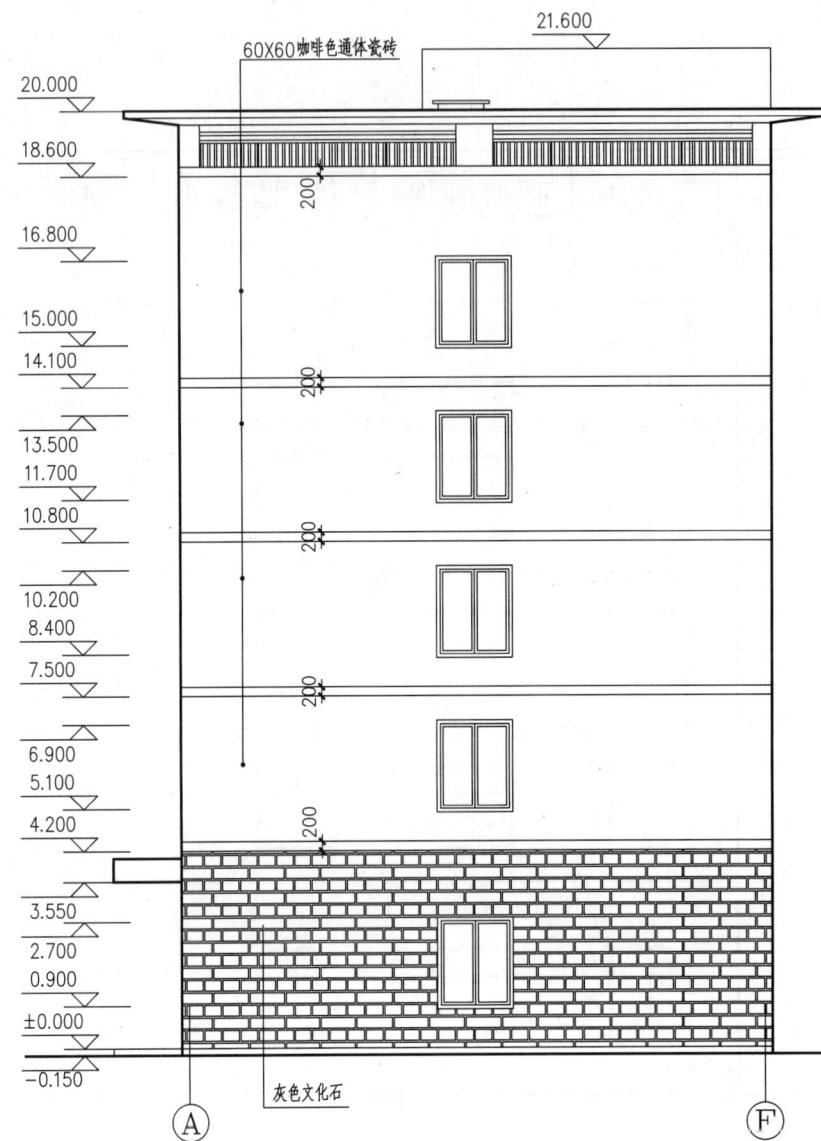

Ⓐ～Ⓕ立面图 1:100

图3-18　1—1剖面图、Ⓐ～Ⓕ立面图

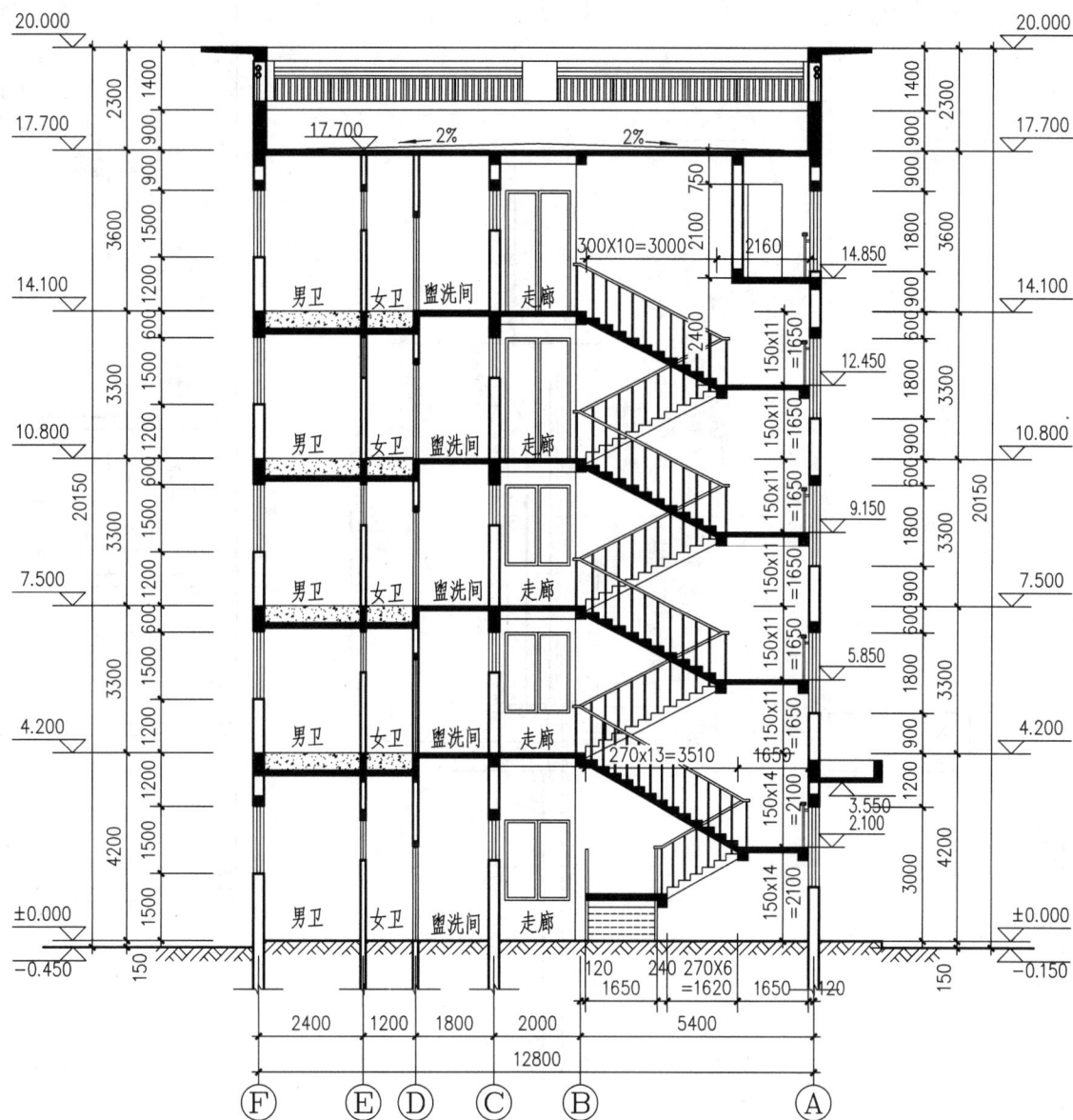

2—2剖面图 1:100

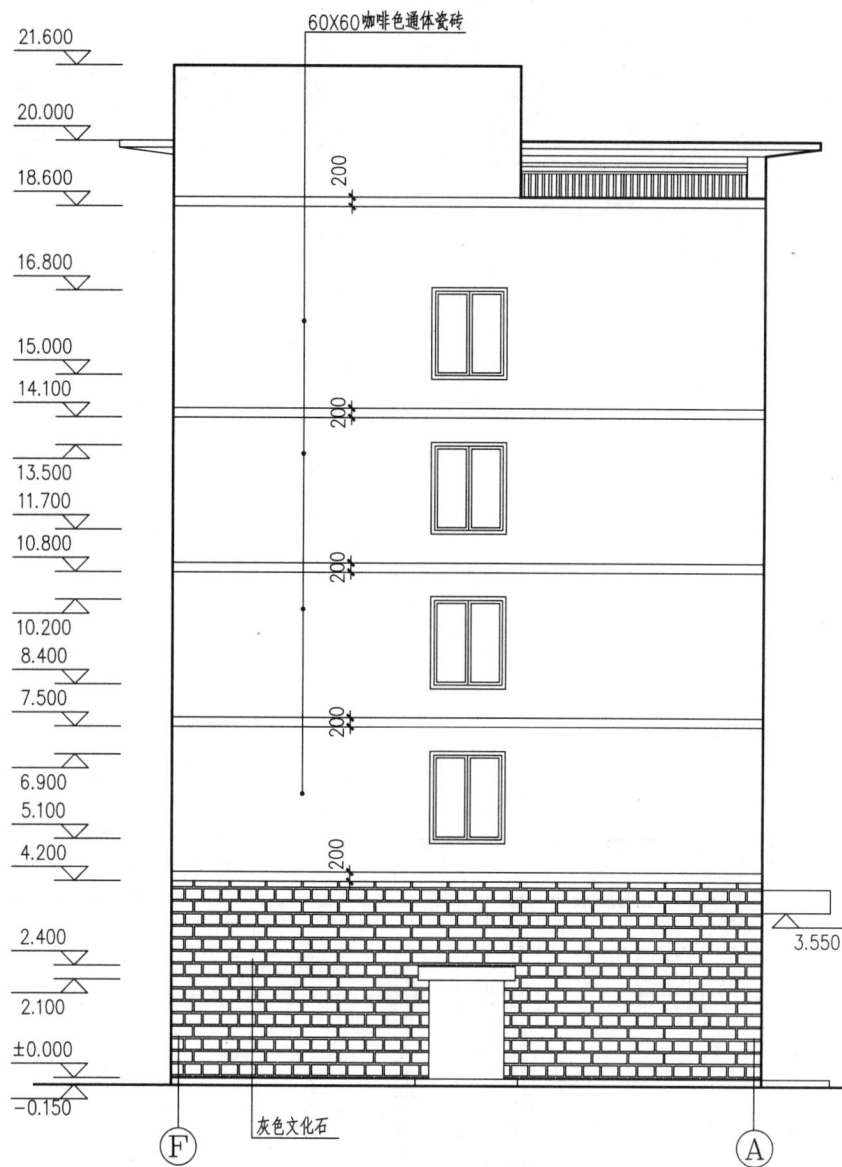

F~A立面图 1:100

图 3－19　2—2剖面图、F ~ A立面图

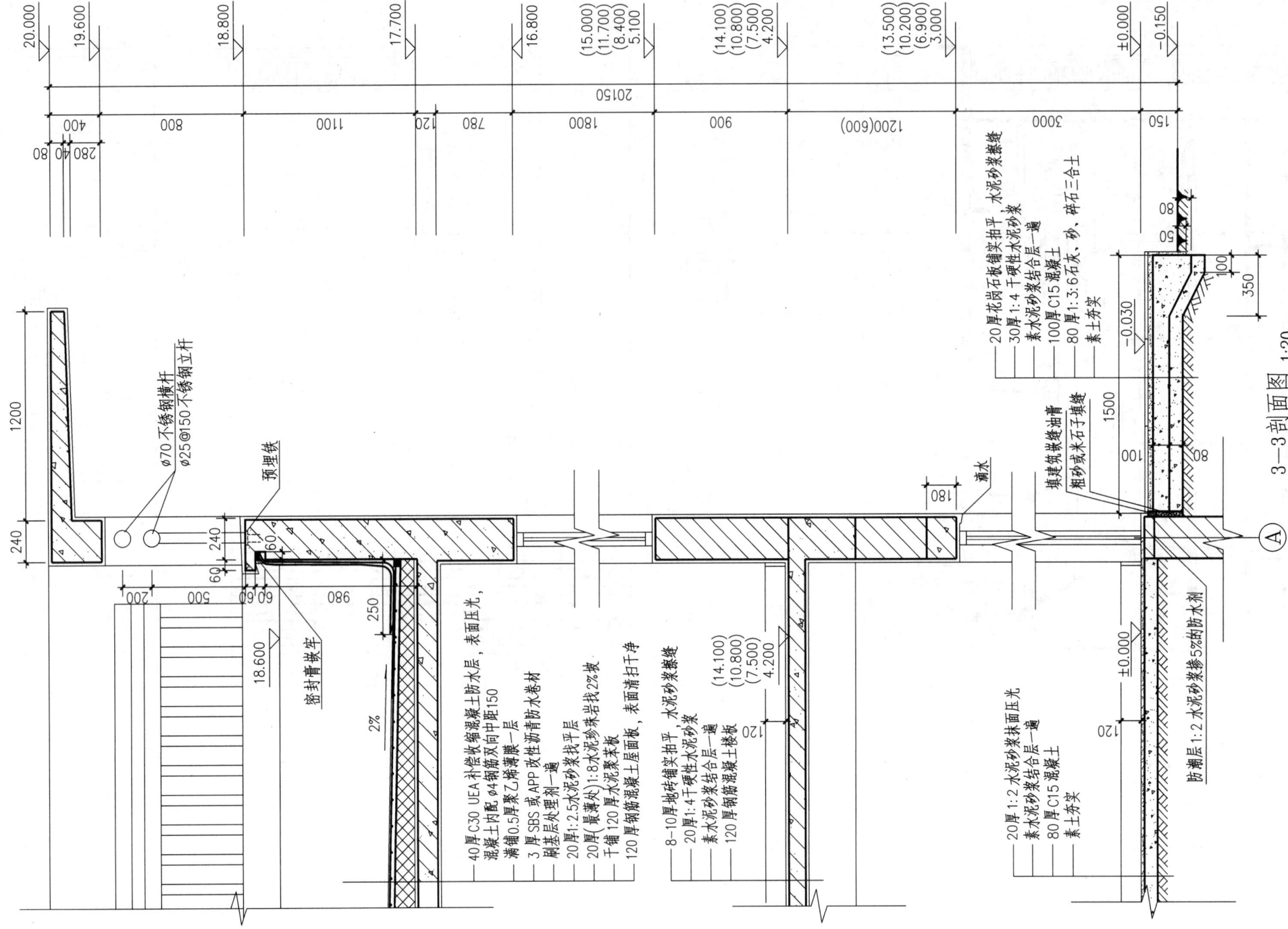

图 3－20　3－3 剖面图（墙身剖面详图）

3－3 剖面图　1:20

标高（左侧）： 20.000　19.600　18.800　17.700　16.800　(15.000)(11.700)5.100　(14.100)(10.800)4.200　(13.500)(10.200)(6.900)3.000　±0.000　-0.150

20150

屋面构造：
- 40厚C30 UEA补偿收缩混凝土防水层，混凝土内配 φ4钢筋双向中距150
- 满铺0.5厚聚乙烯薄膜一层
- 3厚SBS或APP改性沥青防水卷材
- 刷基层处理剂一遍
- 20厚1:2.5水泥砂浆找平层
- 20厚（最薄处）1:8水泥珍珠岩找2%坡
- 干铺120厚水泥聚苯板，表面清扫干净
- 120厚钢筋混凝土屋面板

地面构造：
- 20厚花岗石板铺实拍平　水泥砂浆擦缝
- 30厚1:4干硬性水泥砂浆结合层一遍
- 素水泥浆结合层一遍
- 100厚C15混凝土
- 80厚1:3:6石灰、砂、碎石三合土
- 素土夯实

楼面构造：
- 8~10厚地砖铺实拍平，水泥砂浆
- 20厚1:4干硬性水泥砂浆结合层一遍
- 素水泥浆结合层一遍
- 120厚钢筋混凝土楼板

底层地面构造：
- 20厚1:2水泥砂浆抹平面压光
- 素水泥浆结合层一遍
- 80厚C15混凝土
- 素土夯实

防潮层1:2水泥砂浆掺5%的防水剂

填建筑缝嵌油膏
粗砂或米石子填缝
滴水

密封膏嵌缝
预埋铁
φ70不锈钢横杆
φ25@150不锈钢立杆

18.600
240　1200　240　200　500　60 60　080　250　180　100　120

标题栏：

建设单位　工程名称　农业科技大楼　合同号

图名　3－3剖面图　图号 13　图别　建施　版次　日期

项目负责人　方案设计　设计　制图　校对

审核　专业负责　审定　院技术负责人

会签：建筑　结构　给排水　电气　暖通/燃气

注册师盖章　项目经理盖章

X X 设 计 院

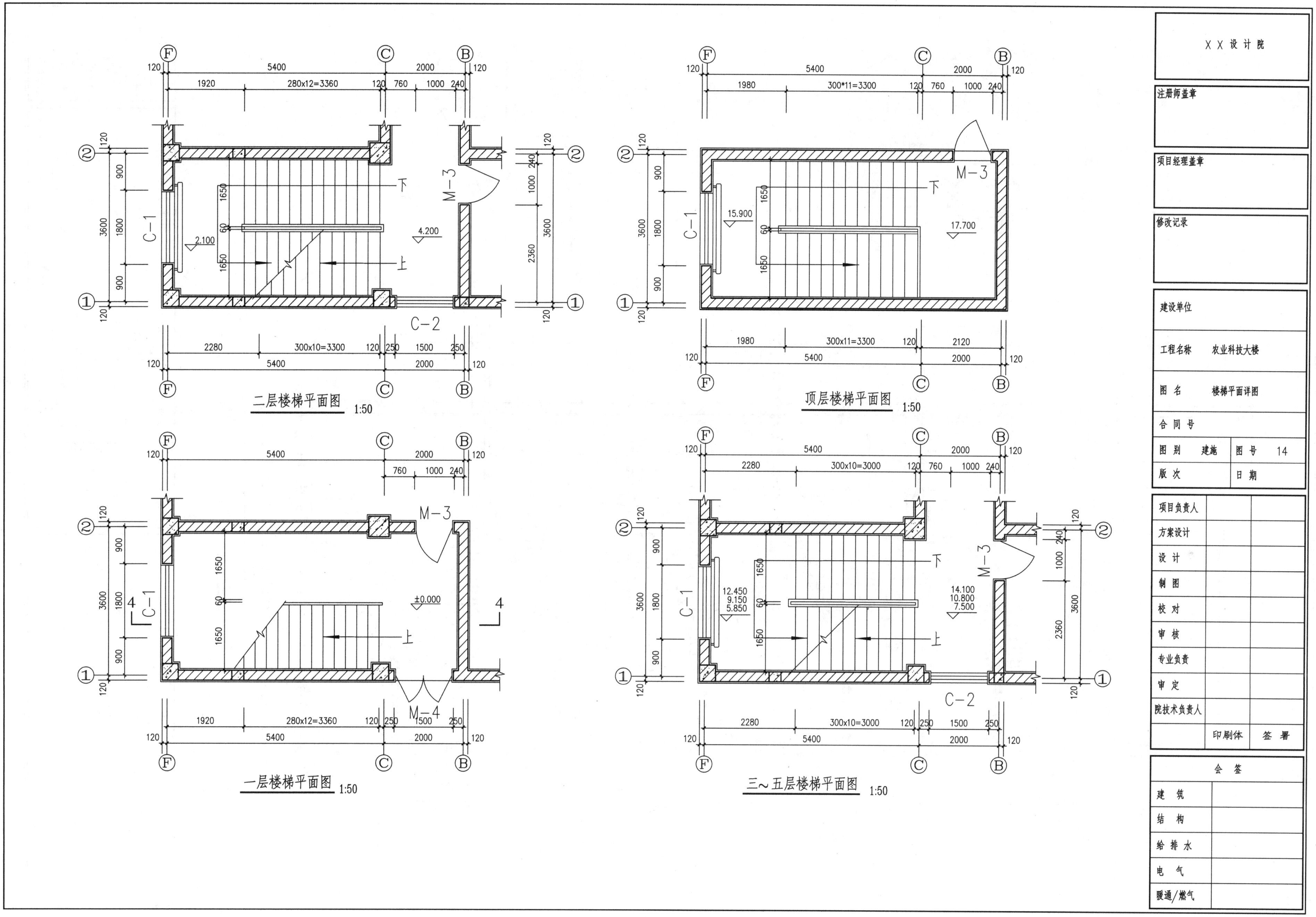

二层楼梯平面图 1:50

顶层楼梯平面图 1:50

一层楼梯平面图 1:50

三～五层楼梯平面图 1:50

XX 设计院

注册师盖章

项目经理盖章

修改记录

建设单位

工程名称	农业科技大楼	
图 名	楼梯平面详图	
合同号		
图别 建施	图号	14
版次	日期	

项目负责人	
方案设计	
设 计	
制 图	
校 对	
审 核	
专业负责	
审 定	
院技术负责人	
印刷体	签 署

会 签	
建 筑	
结 构	
给 排 水	
电 气	
暖通/燃气	

图 3-21 楼梯平面详图

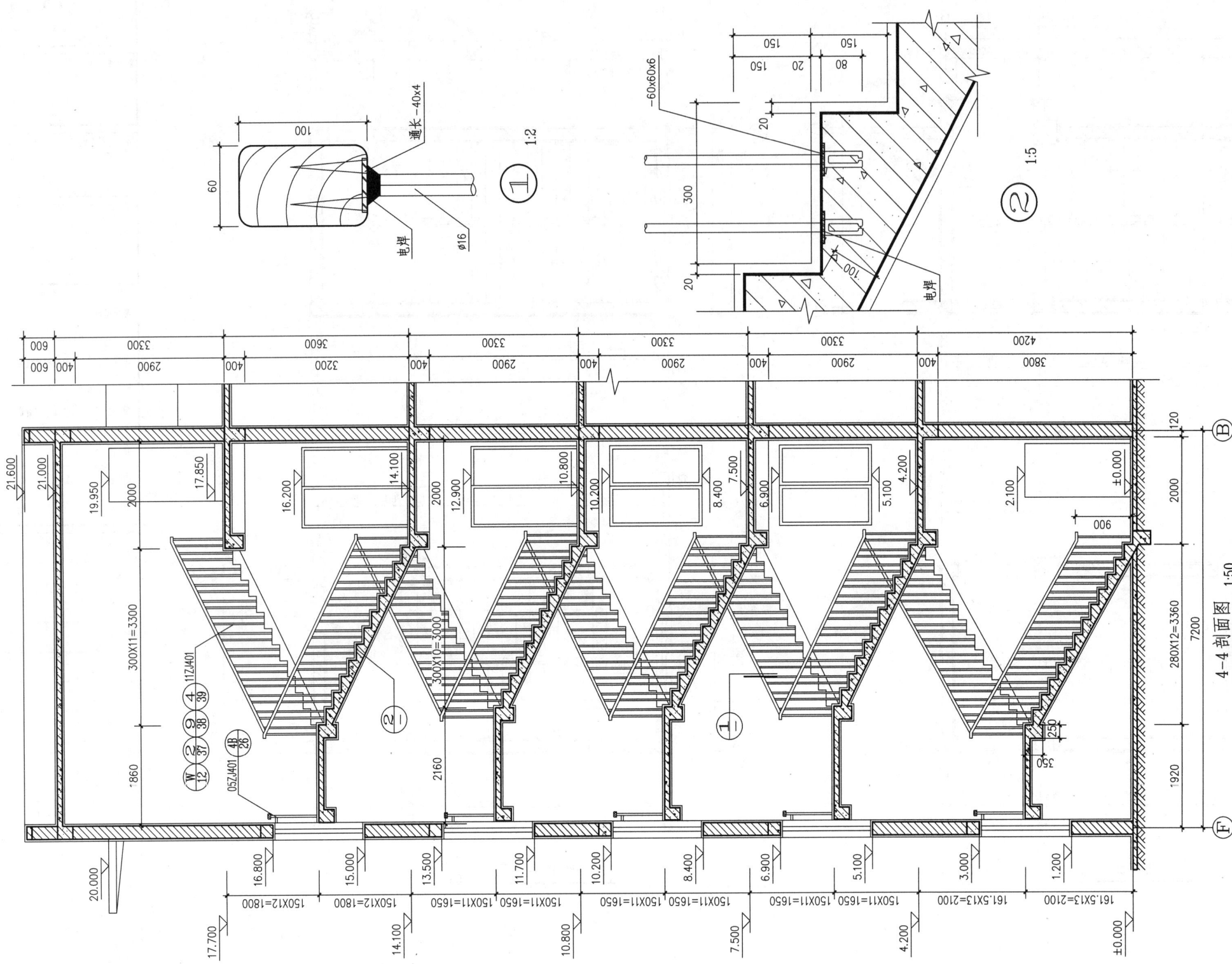

通长-40x4

电焊

Ø16

①　1:2

-60x60x6

电焊

②　1:5

4—4剖面图　1:50

21.600
21.000
19.950
17.850
16.200
14.100
12.900
10.800
10.200
8.400
7.500
6.900
5.100
4.200
2.100
±0.000

300X11=3300
300X10=3000
280X12=3360

17.700
16.800
15.000
14.100
13.500
11.700
10.800
10.200
8.400
7.500
6.900
5.100
4.200
3.000
1.200
±0.000

161.5X13=2100
150X12=1800
150X11=1650
161.5X13=2100

20.000

W　2　9　4
12　37　38　39
4B
26
05ZJ401
11ZJ401

图3-22　4—4剖面图（楼梯剖面详图）

项目负责人		图　名		图　别		建设单位			
方案设计		4—4剖面图	图号	15		工程名称			
设　计			建筑			农业科技大楼			
制　图		图别	版次	日期		合同号			
校　对									

会签
建筑
结构
给排水
电气
暖通/燃气

审核
专业负责
审定
院技术负责人
印刷体　签　署

印刷体　签　署

修改记录

项目经理章

注册师盖章

X X 设 计 院

结 构 设 计 总 说 明

一、一般说明

（一）本说明适用于一般的混合结构与多层框架结构。

（二）全部尺寸除注明外，标高以米为单位，其余均以毫米为单位。

（三）在本说明中，凡画有 "✓" 符号者为本设计用。

（四）本工程±0.000 为室内地面标高，相当于绝对标高详建施图。平面位置见建施总平面图。

（五）本工程结构设计的主要依据：

1. 本工程采用下列规范、规程进行设计：
   - （1）《建筑结构可靠度设计统一标准》（GB50068—2001）
   - （2）《建筑结构荷载规范》（GB50009—2012）
   - （3）《建筑地基基础设计规范》（GB50007—2011）
   - （4）《建筑桩基技术规范》（JGJ94—2008）
   - （5）《混凝土结构设计规范》（GB50010—2010）
   - （6）《砌体结构设计规范》（GB50003—2011）
   - （7）《多孔砖砌体结构技术规范》（JGJ137—2001）2002年版

2. 本工程基础设计时根据建设方提供地质勘探报告。

3. 本工程设计所使用楼面或屋面主要的均布活荷载标准值：

（表一）

部 位	活荷载标准值(kPa)	部 位	活荷载标准值(kPa)
✓办公室	2.0	✓走廊	2.5
✓预警室	2.0	✓监测室	2.0
✓养虫室	2.0	✓财务室	2.0
✓厕所	2.5	✓缤洗室	2.5
✓更衣室	2.0	✓楼梯间	2.5
✓不上人屋面	0.5	✓上人屋面	2.0
基本风压	0.35	基本雪压	0.45

4. 建设方对设计提出的与结构有关的书面要求。批准的方案设计文件。

（六）本工程建筑结构安全等级为二级，设计使用年限为 50 年。地基基础的设计等级为丙级。

（七）本工程的砌体结构施工质量控制等级为 B 级。

（八）本工程五层框架结构，梁采用平面表示方法。

（九）未经技术鉴定或设计许可，不得改变结构的用途和使用环境。

二、抗震设计及防火要求

（一）本工程为非抗震设防工程。

（二）本工程按抗震设防烈度为 6 度进行设计，设计基本地震加速度值为 0.05g，设计地震分组为第一组。本建筑物抗震设防类别为丙类，建筑场地类别为Ⅱ类，地基的液化等级为轻微钢筋混凝土框架抗震等级为四级。

（三）本工程的耐火等级为三级。

三、地基基础部分

✓ 本工程采用独立基础，基础平面布置及相关说明详见结施02。

四、钢筋混凝土结构部分

（一）现浇部分

✓ 各部分混凝土及钢筋保护层厚度：（环境类别：基础为二(b)类、厨、卫及外露构件为二(a)类，其余为一类）

（表二）

结构部位	混凝土强度等级	环境类别	最外层钢筋混凝土保护层厚度(mm)	备 注
基础	C25	二 b	≥50	详结构平面图
基础梁	C25	二 b	≥35	详结构平面图
框架柱	C25	一	≥20	详结构平面图
框架梁	C25	一	≥20	详结构平面图
楼面现浇板			≥15	详结构平面图
屋面现浇板	C30	二 a	≥20	刚性防水层混凝土C30
厨、卫现浇板		二 a	≥20	
其他	C25			板≥15 梁、柱≥20 图中未注明混凝土

✓ 纵向受拉钢筋的锚固长度 L_a、L_{aE}：（表三）

钢筋种类	符号	f_y (N/mm²)	混凝土强度等级			
			C20	C25	C30	C35	≥C40
HPB300	Φ	270	40d	35d	31d	28d	26d
HRB335	⬤	300	39d	34d	30d	27d	25d
HRB400		360		40d	36d	33d	30d

注：1. HRB335、HRB400和RRB400级钢筋 d>25时，需按表中数值乘以1.1。
任何情况下受拉钢筋锚固长度不应小于250。

2. 一、二级抗震等级 L_{aE}=1.15L_a；三级抗震等级 L_{aE}=1.05L_a；四级抗震等级 L_{aE}=L_a。

3. 钢筋的连接：

（1）受力钢筋的接头设置在受力较小处，梁底筋不得在跨内接头，上部（负）钢筋不得在支座处接头，柱尽量在楼层中部接头。

（2）钢筋绑扎搭接接头连接区段的长度为1.3L_l，同一连接区段内的受力钢筋搭接接头面积的允许百分率：梁、板及墙类构件为25%，柱类构件为 50%。

（3）钢筋焊接接头连接区段的长度为35d（d为纵向钢筋的较大直径）且>500mm，同一连接区段内的受拉钢筋焊接接头面积的允许百分率为 50%，受压接头可不受限制。

4. 单向板分布筋及单向板、双向板支座筋的分布筋，除图中注明外，屋面及外露结构用Φ8@200，楼面用Φ8@200。

5. 双向板的底筋，短向筋放在底层，长向筋放在短向筋之上。

6. 板的负筋均由梁、柱边算起。

7. 角筋应双向配置上部构造钢筋Φ8@100，其伸出板边的长度为L_1/3，且不小于2000。L_1为单向板的跨度或双向板的短边跨度，详图一。

8. 钢筋混凝土墙、柱与砌体的连接应沿钢筋混凝土墙、柱高度每隔500mm，预埋2Φ6钢筋，锚入砼墙、柱内200mm，外伸钢筋长的1/5且不小于700mm，若墙宽不足上述长度时，则伸入墙内长度等于墙垛长，且末端弯90°直钩。

9. 钢筋钢筋混凝土构造柱GZ(TZ)，位置见平面图，构造柱须先砌墙后浇捣，砌墙时沿墙高每隔500mm设2Φ6钢筋，埋入墙内长度为墙长的1/5且不小于1000mm，并与柱连结，构造柱型式及配筋详下表：（表四）

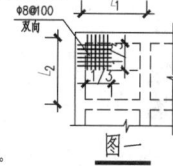
图一

构造柱编号	a	b	构造柱大样	构造柱马牙槎做法示意

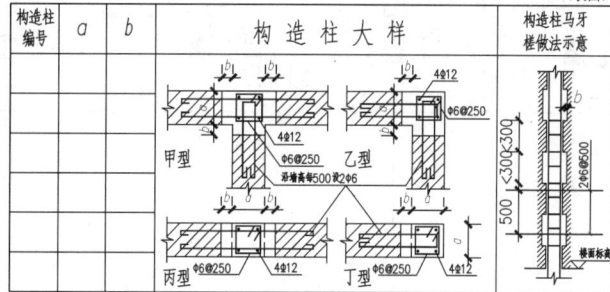
构 造 柱 大 样

甲型 / 乙型 / 丙型 / 丁型

10. 凡墙长超过6m，中间加构造柱，截面为（墙厚X240），做法详上表"构造柱大样"。

11. 构造柱支承于钢筋混凝土梁上或基础上时，钢筋锚入梁内或基础内长度为40，钢筋可以在梁面或基础面搭接，但有条件时尽量不搭接，做法详图二。

12. 上下水管道及设备孔洞均需按平面图示位置及大小预留。

13. 钢筋混凝土圈梁，截面及配筋见详图，纵筋搭接长度为35d。在转角、丁字交叉处，加设联结钢筋，详图三。当圈梁被门窗洞口截断时，在洞口上面增设相同截面及配筋的附加圈梁，附加圈梁与圈梁的搭接长度为其中到中垂直距离的两倍，且不得小于1m。圈梁与其他梁相交处，圈梁纵筋锚入其他梁的L_a。

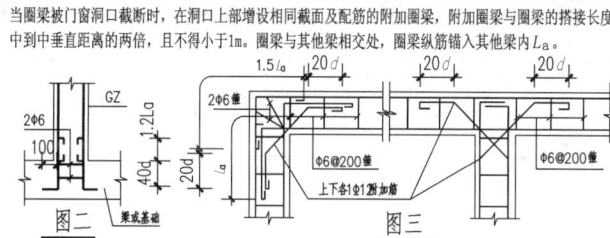
图二 / 图三

14. 凡天面为反梁结构，需按排水方向、位置及大小预留出水洞，不得后凿。

（二）预制部分

1. 预制构件除大样图注明混凝土强度等级外，其余均C25。

2. 预制构件制作时，上下水管道或其它设备孔洞，均需按图示位置预留，不得后凿。

3. 全部预制构件安装铺设，应先将支座用水淋湿，再用20厚1:3水泥砂浆坐砌。

4. 当预制板不为整数、遇到剪力墙或柱及管道穿越预制板时，用现浇混凝土板带，板厚同预制板，下配纵筋 Φ10@120（L≤600）或Φ12@120（L>3600）；板宽度当≥250 时铺设 Φ6@200分布。

5. 预应力空心板板头大样及板端构造大样详 03ZG401(30/30)。板墙连接构造非抗震设防区详⑦⑧⑨⑩⑪⑫，6、7 度抗震设防区详⑬⑭⑮⑯⑰⑱。

（三）凡屋面板、卫生间以及装有坡度要求的地方，现浇楼板或铺设预制构件时，均需按建筑平面图所示坡度要求制作或铺设。卫生间室内完成面标高之最高点必须低于卫生间以外地面，若卫生间采用预制楼板式时，应先安装设备管道后才能浇灌 C20 细石混凝土楼面层。

五、砖砌体部分

（一）砌体用料

1. 承重结构部分：（墙各部份用料见下表）（表五）

层别	标高(m)	砌体用料	厚度(mm)	砖强度等级	砂浆强度等级	砂浆类型

2. 非承重结构部份：

（1）钢筋混凝土框架结构的填充墙，除注明外，外墙及梯间墙厚度为240，用MU10烧结多孔砖，M5混合砂浆砌筑；内墙厚度为240，用MU10 烧结多孔土砖，M5.0混合砂浆砌筑。

（2）60厚砖墙墙均采用MU10砖、M10混合砂浆砌筑；120厚砖墙采用MU10砖、M5混合砂浆砌筑。

（3）承重墙或柱与后砌的非承重墙交接处，沿墙（或柱）每高每隔500在灰缝内配 2Φ6 钢筋与非承重墙拉结，每边伸入非承重墙内长同第四.（一）.10条，锚入承重墙内长度500或柱内长200。

3. 内地面以下墙体用MU10砖、M7.5水泥砂浆砌筑。

（二）砖墙内的门洞、窗洞及设备预留洞，其洞顶均需设过梁，梁的支座长度≥250。除图上另有注明外，统一按下列处理：

1. 当洞宽≤500 时，用钢筋砖过梁，梁底放3Φ6，入支座长度为 250 并弯直钩，用 1:2 水泥砂浆作保护层 20 厚，拱高取洞宽的 1/4，M10混合砂浆砌筑。

2. 当洞宽 500<L<900 时，用钢筋混凝土过梁，梁厚度为240时设过梁GL09××3（××为墙厚度）。

3. 当洞宽≥900时，用钢筋混凝土过梁，过梁厚度为240时设过梁GL××242（××为洞口净宽）；墙厚度为 120 时设过梁GL××122（××为洞口净宽）。

4. 当洞顶离结构梁（或板）底小于上述的砖平拱、钢筋砖过梁高度或钢筋混凝土过梁高度时，过梁与结构梁（或板）浇成整体，如图四。

5. 当过梁支座为钢筋混凝土柱或遇其他梁、板时，过梁必须采用现浇。

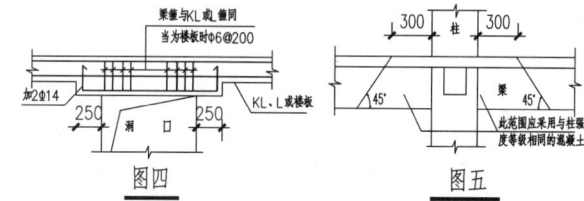
图四 / 图五

六、柱与梁混凝土强度等级不同处 按图五施工

七、金属结构部份

1. 金属构件采用Q235钢。

2. 焊条：E43系列型焊条用于Q235钢及HPB235、HPB335级钢筋；E50 系列型焊条用于HRB400级钢筋。

3. 所有外露金属构件表面刷红丹底漆一道，灰色铅油二道。

八、其它

1. 屋面按建施所示排水方向结构找坡。

2. 未注明的预埋件与预留孔详见建筑、水、电、空调专业图纸。

3. 施工中应遵循的主要施工规范及注意事项：
   - （1）《建筑地基基础工程施工质量验收规范》（GB50202—2002）
   - （2）《砌体工程施工质量验收规范》（GB50203—2011）
   - （3）《混凝土结构工程施工质量验收规范》（GB50204—2002）（2011年修订版）

5. 门窗洞口边与钢筋混凝土柱之间厚度尺寸≤240时浇捣C20素混凝土。

6. 凡未尽事宜均按现行国家有关规范、规程及规定处理。

图 3-23 结构设计说明

XX 设计院

注册师盖章

项目经理盖章

修改记录

建设单位

工程名称　农业科技大楼

图名　结构设计总说明

合同号

图别　结施　图号　01

版次　　日期

项目负责人
方案设计
设计
制图
校对
审核
专业负责
审定
院技术负责人

印刷体　签署

会签
建筑
结构
给排水
电气
暖通/燃气

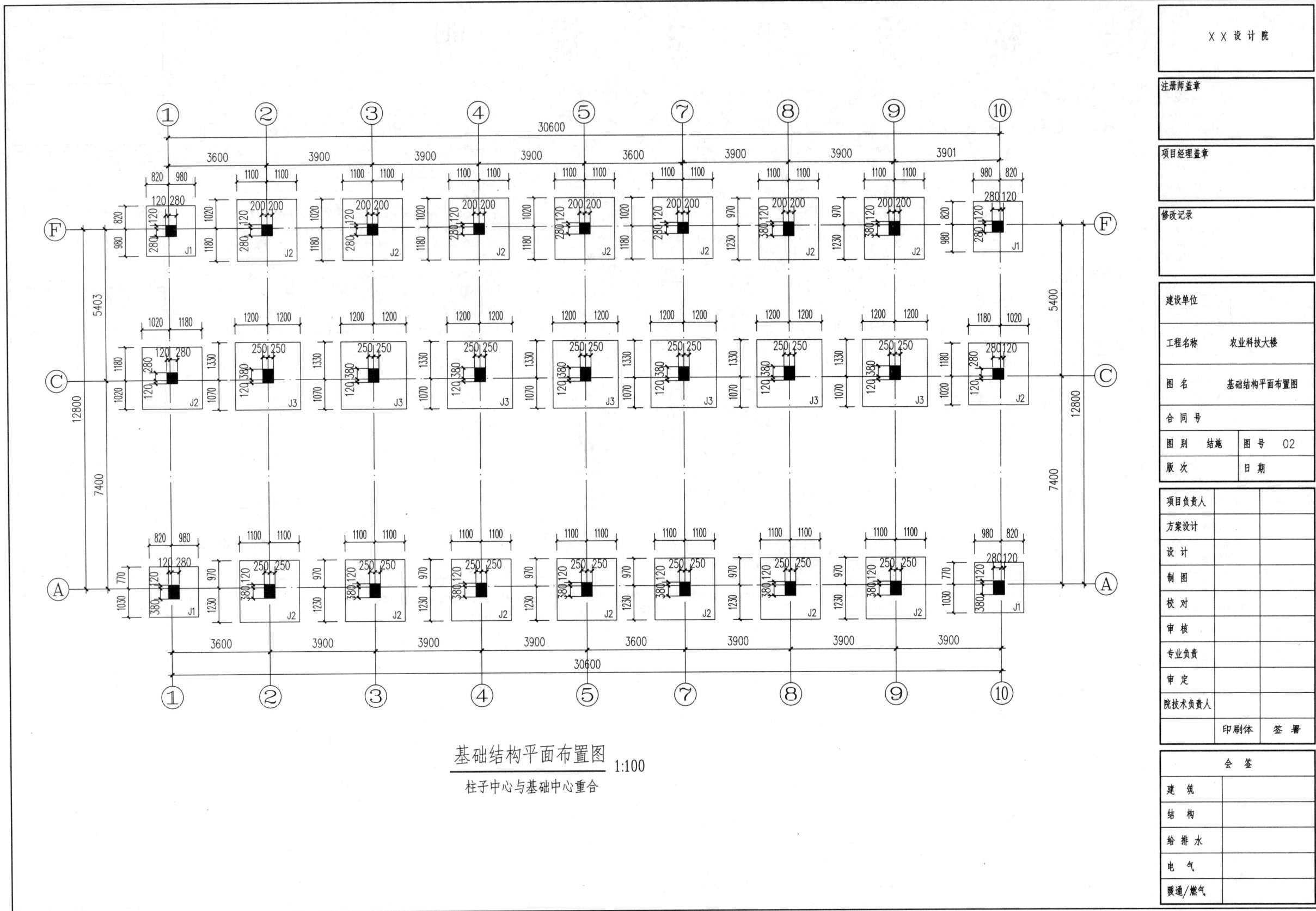

基础结构平面布置图 1:100
柱子中心与基础中心重合

图 3-24 基础平面布置图

Ｘ Ｘ 设 计 院

注册师盖章

项目经理盖章

修改记录

建设单位

工程名称　农业科技大楼

图　名　基础结构平面布置图

合 同 号

图　别	结施	图　号	02
版　次		日　期	

项目负责人
方案设计
设　计
制　图
校　对
审　核
专业负责
审　定
院技术负责人
印刷体　　签　署

会　签
建　筑
结　构
给排水
电　气
暖通/燃气

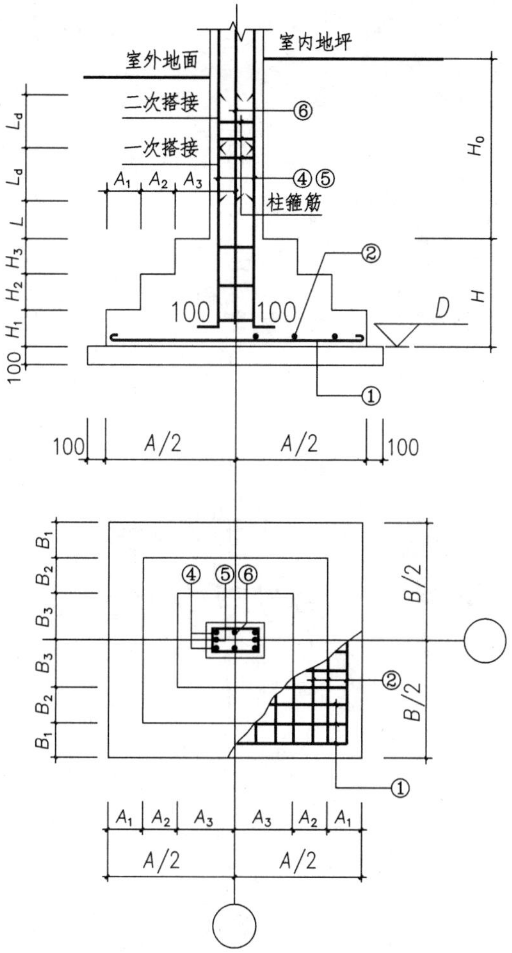

基础设计说明

1. 本工程基础根据建设方提供的地质勘察报告进行设计。

2. 本工程采用天然地基,根据地质勘察报告,基础持力层采用强风化泥质粉砂岩,地基承载力特征值为 $f_{ak}=400kPa$,基底埋深约为室内地面以下2.000m,基底要挖至指定土层,基坑开挖后,须经有关部门验槽认可,才能进行基础垫层施工。

3. 本表尺寸单位为毫米,标高为米,±0.000相对绝对标高详建施。

4. 本工程基础混凝土用C25,垫层C15。钢筋 HRB335级(Φ),$f_y=300N/mm^2$ 及HPB235级(ϕ),$f_y=210N/mm^2$;基础钢筋保护层为50mm,柱钢筋为30mm。

5. 本表以柱中心线为准,柱中心线与轴线关系及基础,柱位尺寸详见基础平面图所注尺寸,并以基础平面图为准。

6. 与柱断面 h 方向平行的基础底板筋放在下层。

7. 基础的预留柱子插筋位置、数量、直径、搭接次数,柱箍直径和型式应与首层柱配筋相同并以该柱施工图为准。接头区段及 L 范围柱箍筋加密为100,基础内稳定箍筋为3个,其直径同首层柱箍,柱纵筋搭接长度为40d。

8. 地基基础设计等级为丙级。

J1-3 1:20

混凝土基础表

基础编号	类型	柱编号	柱截面 $B×H$	基础底板平面尺寸										基底标高 D	基础高度					底板配筋			备注
				A	A_1	A_2	A_3	B	B_1	B_2	B_3	C	E		H	H_1	H_2	H_3	H_0	①	②	③	
J-1	I	KZ1 KZ7 KZ2 KZ8	400X400 400X500	1800		900	1800			900				-2.000m	500		500			Φ12@150	Φ12@150		
J-2	I	KZ1 KZ7 KZ2 KZ8 KZ5	400X400 400X500	2200		400	700	2200		400	700			-2.000m	700		350	350		Φ12@150	Φ12@150		
J-3	I	KZ5 KZ9 KZ4 KZ6	500X500	2400		450	750	2400		450	750			-2.000m	800		400	400		Φ12@100	Φ12@100		

图 3-25　基础详图

XX设计院

注册师盖章

项目经理盖章

修改记录

建设单位

工程名称　农业科技大楼

图名　基础详图、基础表 基础设计说明

合同号

图别　结施　图号　03

版次　　　日期

项目负责人
方案设计
设计
制图
校对
审核
专业负责
审定
院技术负责人

印刷体　签署

会签
建筑
结构
给排水
电气
暖通/燃气

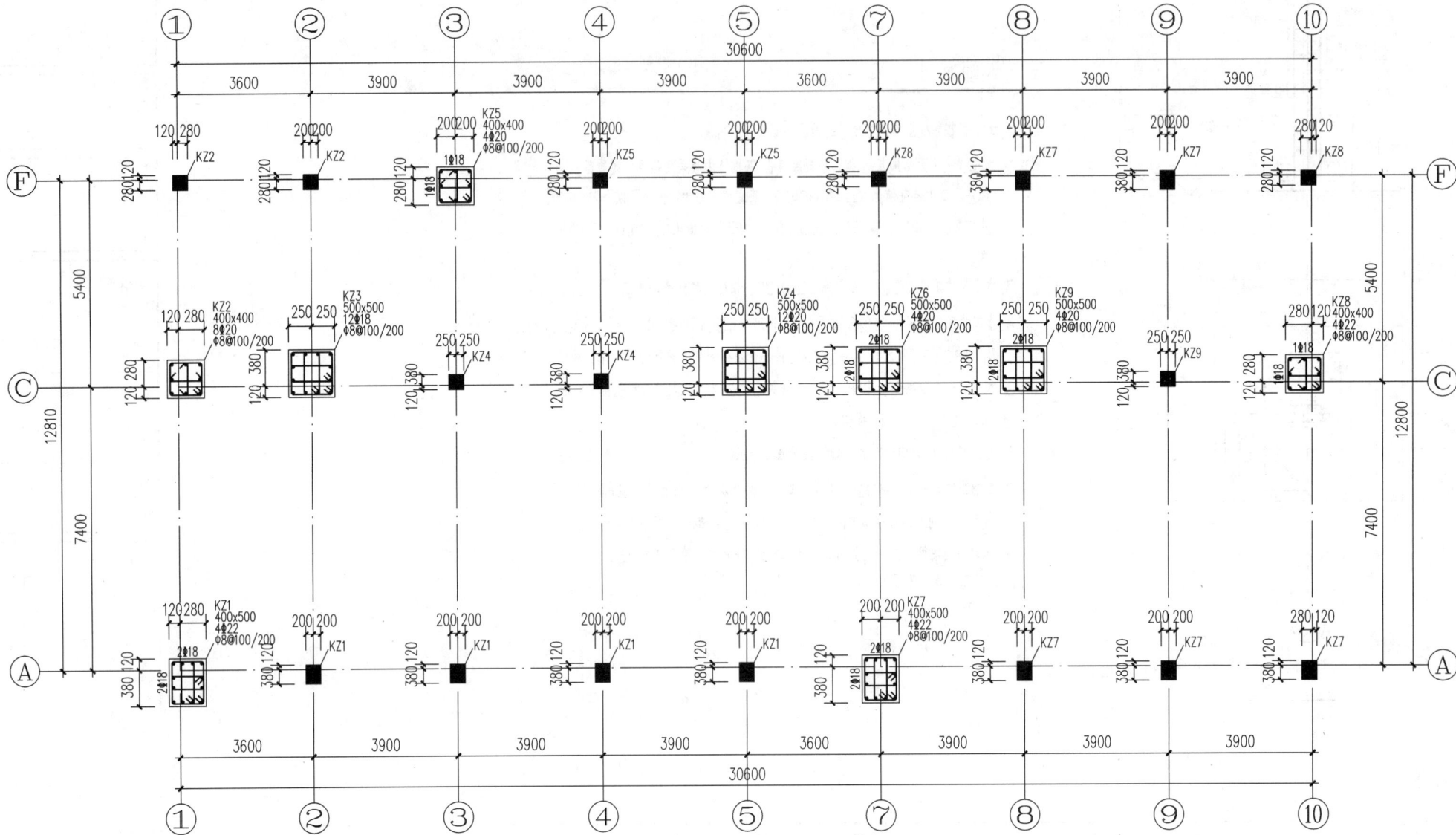

一～四层柱平法施工图 1:100

注: 1. 柱配筋结合《混凝土结构施工图平面整体表示方法制图规则和构造详图》(11G101—1)施工。
2. 柱混凝土强度等级为C25。
3. 柱纵筋锚固于基础底板钢筋上，柱纵筋接头采用电渣压力焊对焊连接，焊接施工工艺必须符合
相关规范，接头质量经检测必须符合相关技术标准，且每个截面纵筋接头百分率不超过50%。
4. 每层柱底，柱顶>1/6H且大于500mm范围内及纵筋搭接区箍筋加密，加密间距为@100。
5. 柱与砌体的连接面沿高度每隔500预埋2φ6钢筋，埋入柱内200，其外伸长度为1000，
预埋筋两端均弯成90°直钩。
6. ±0.000以下柱箍筋为φ8@100。

图 3-26 一～四层柱平法施工图

右侧图框:

XX 设 计 院

注册师盖章

项目经理盖章

修改记录

建设单位

工程名称 农业科技大楼

图 名 一～四层柱平法施工图

合 同 号

图 别 结施   图 号 04

版 次   日 期

项目负责人
方案设计
设 计
制 图
校 对
审 核
专业负责
审 定
院技术负责人

印刷体   签 署

会 签

建 筑
结 构
给 排 水
电 气
暖通/燃气

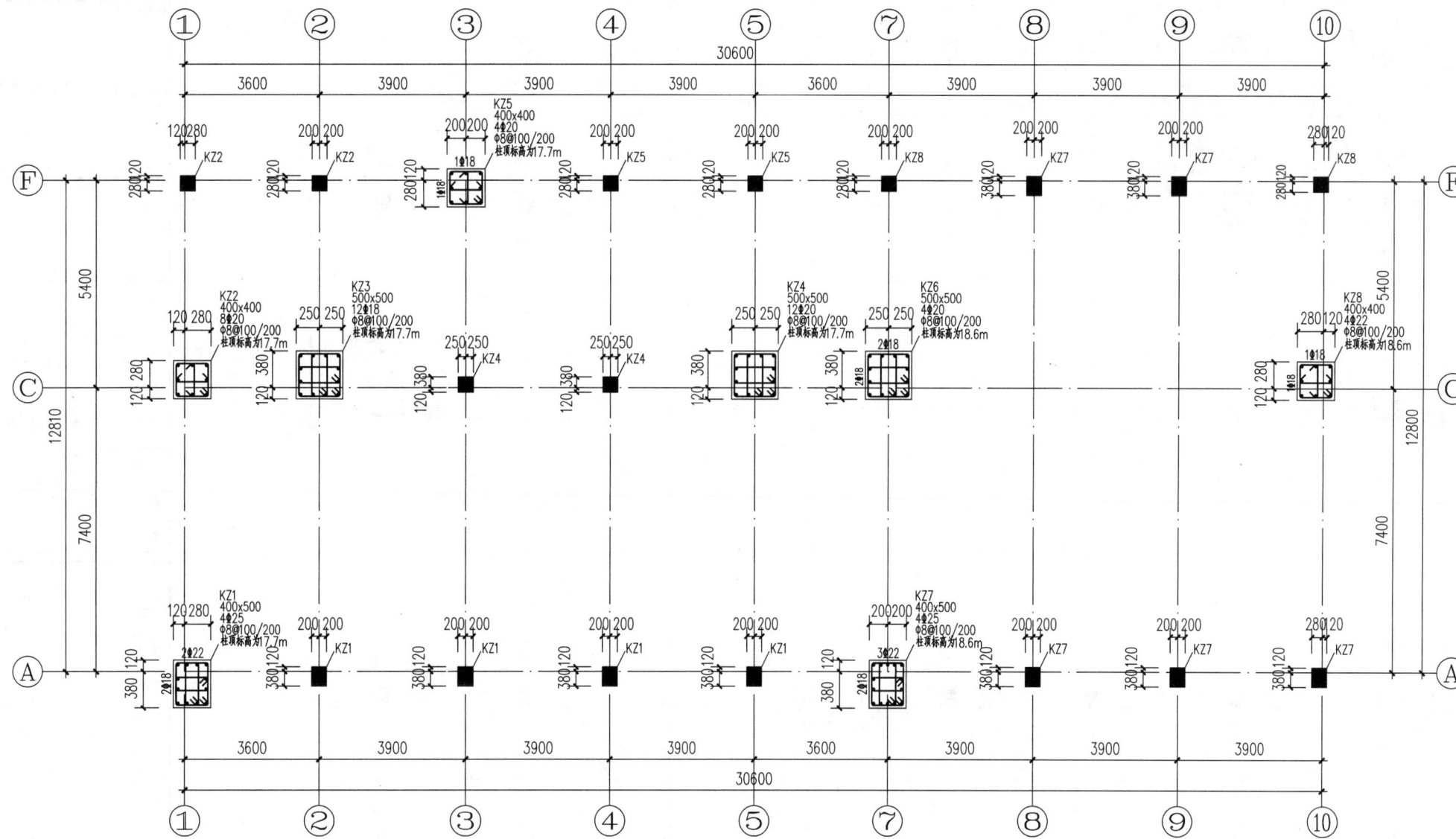

五层柱平法施工图 1:100

注: 1. 柱配筋结合《混凝土结构施工图平面整体表示方法制图规则和构造详图》(11G101—1)施工。
    2. 柱混凝土强度等级为C25。
    3. 柱纵筋锚固于基础底板钢筋上，柱纵筋接头采用电渣压力焊对焊连接，焊接施工工艺必须符合
       相关规范，接头质量经检测必须符合相关技术标准，且每个截面纵筋接头百分率不超过50%。
    4. 每层柱底、柱顶≥1/6H且大于500mm范围内及纵筋搭接区箍筋加密，加密间距为@100。
    5. 柱与砌体的连接面沿高度每隔500预埋2Φ6钢筋，埋入柱内200，其外伸长度为1000。
       预埋筋两端均弯成90°直钩。
    6. ①～⑤轴14.100~17.700; ⑦～⑩轴14.100~18.600。

图 3-27 五层柱平法施工图

73

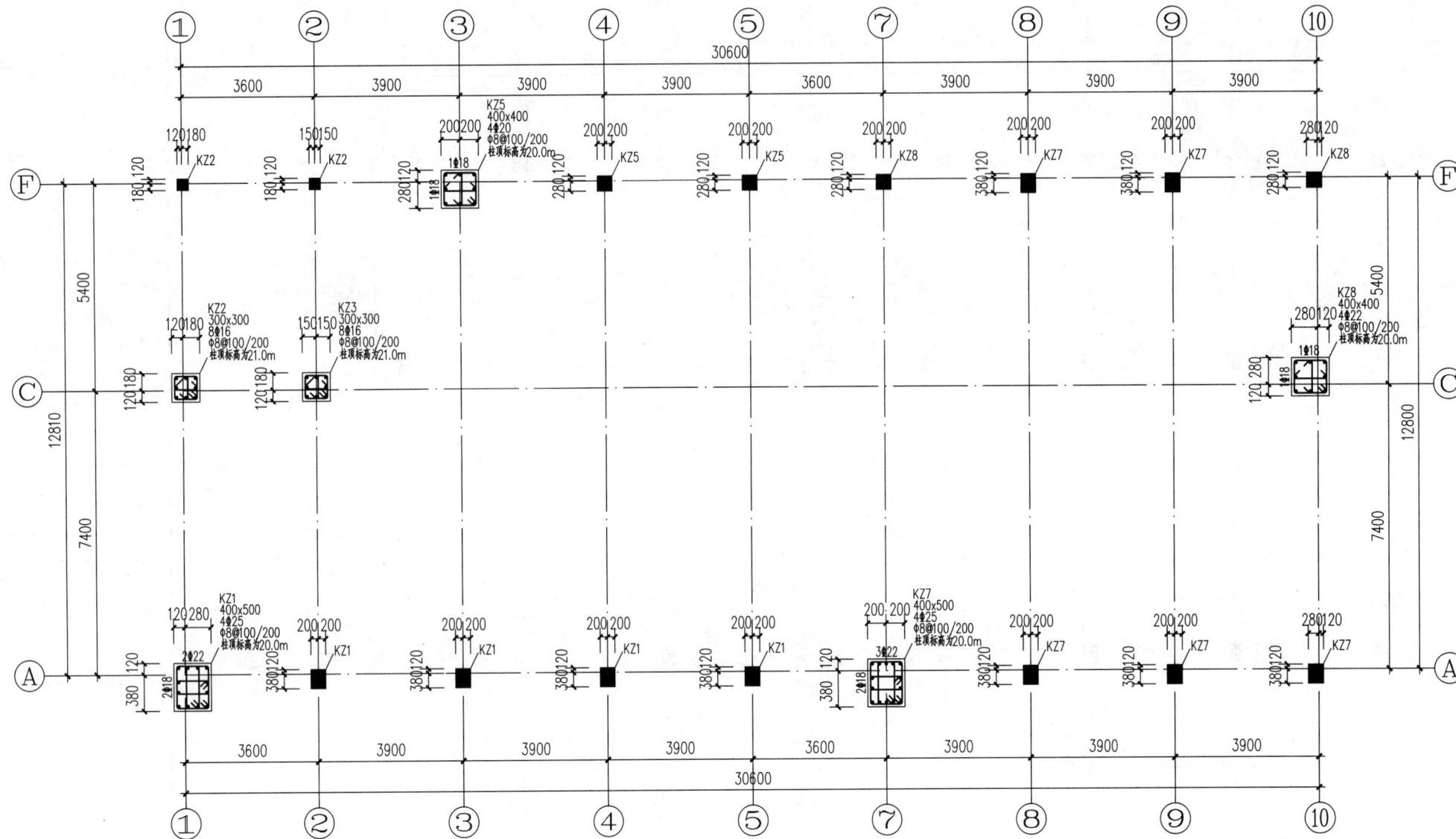

顶层屋面以上柱平法施工图 1:100

注 1. 柱配筋结合《混凝土结构施工图平面整体表示方法制图规则和构造详图》(11G101-1)施工。
2. 柱混凝土强度等级为C25。
3. 柱纵筋锚固于基础底板钢筋上，柱纵筋接头采用电渣压力焊对焊连接，焊接施工工艺必须符合相关规范，接头质量经检测必须符合相关技术标准，且每个截面纵筋接头百分率不超过50%。
4. 每层柱底、柱顶≥1/6H且大于500mm范围内及纵筋搭接区箍筋加密，加密间距为@100。
5. 柱与砌体的连接面沿高度每隔500预埋2Φ6钢筋，埋入柱内200，其余伸长度为1000。
预埋筋两端均弯成90°直钩。
6. KZ2、KZ3柱标高17.700~21.000；其余柱标高17.700(18.600)~20.000。

图3-28 顶层屋面以上柱平法施工图

XX 设计院

注册师盖章

项目经理盖章

修改记录

建设单位

工程名称　农业科技大楼

图名　基础梁配筋图

合同号

| 图别 | 结施 | 图号 | 07 |
| 版次 | | 日期 | |

项目负责人
方案设计
设　计
制　图
校　对
审　核
专业负责
审　定
院技术负责人

印刷体　签署

会　签	
建　筑	
结　构	
给排水	
电　气	
暖通/燃气	

30600

3600　3900　3900　3900　1200　2400　3900　3900　3900

JKL8(8) 250x400
Φ8@200(2)
2Φ16;3Φ16

JLL4(1) 200x400
Φ8@200(2)
2Φ16;2Φ18

JLL1(1) 200x400
Φ8@200(2)
2Φ16;2Φ16

JKL7(8) 250x400
Φ8@200(2)
2Φ16;3Φ16

JKL2(1) 250x500
Φ8@200(2)
2Φ18;3Φ18

JLL4(1)

JKL4(2)

JLL2(1) 250x400
Φ13Φ8@100/200(2)
2Φ16;3Φ16

JKL3(2) 250x600
Φ8@200(2)
2Φ18
G4Φ12

JKL4(2) 250x600
Φ8@200(2)
2Φ18
G4Φ12

JKL5(2) 250x600
Φ8@200(2)
2Φ18
N4Φ12

JKL3(5) 250x400
Φ8@200(2)
2Φ16;3Φ16

JKL5(2)

JKL6(8) 250x400
Φ8@200(2)
2Φ16;3Φ16

JKL1(2) 250x600
Φ8@100/200(2)
2Φ20;3Φ18
G4Φ12

JKL5(2)

TZ

GZ

1890　1860　1650　1650

120　180

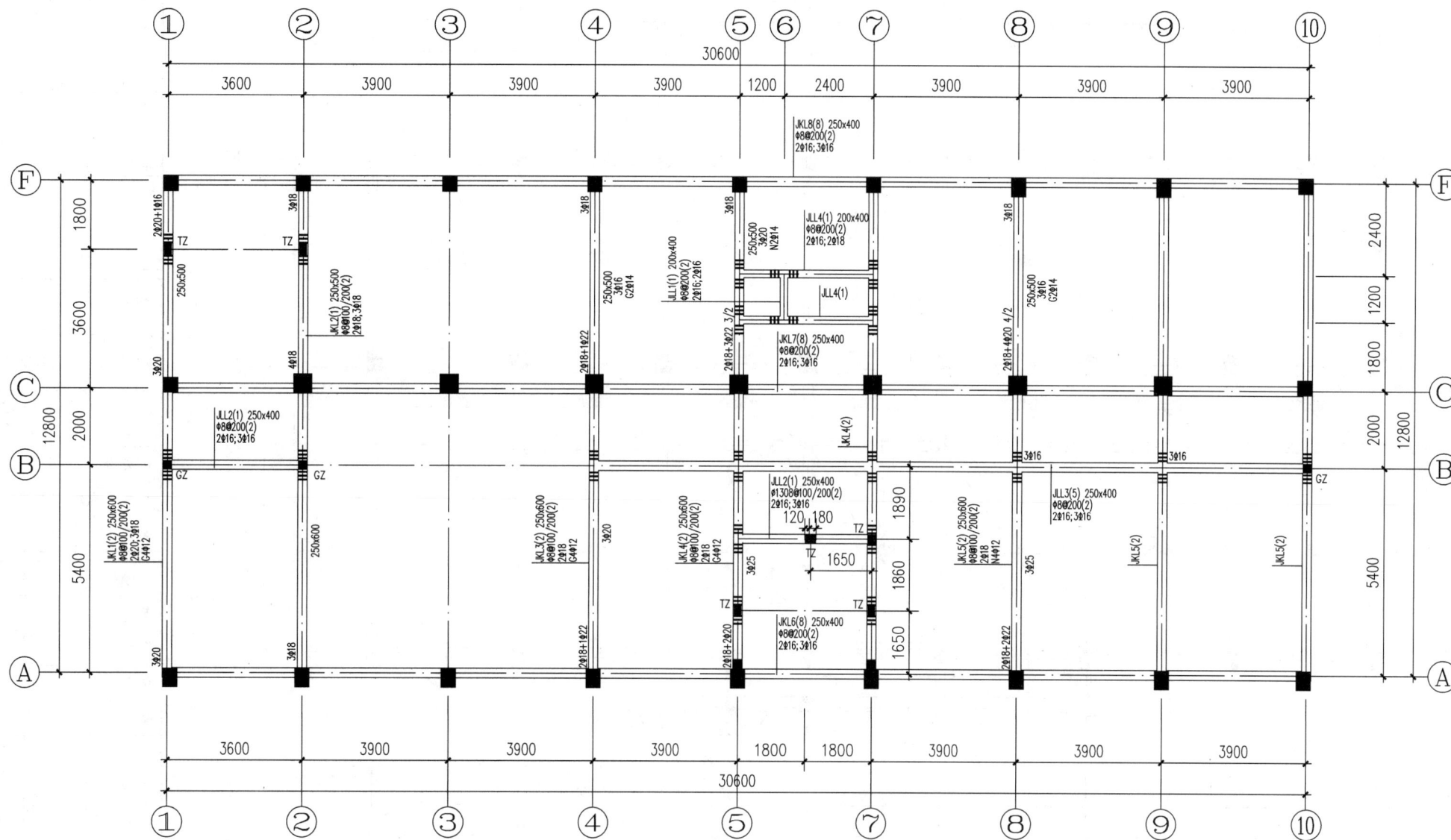

基础梁配筋图　1:100

说明:
1.除注明外混凝土强度为C25梁顶标高为−0.600m
2.平面表示具体做法详见11G101—1
3.梁上设柱做法详见11G101—1第66页,加设2Φ16吊筋
4.主次梁交节处,主梁每边加密箍3个,间距50,设吊筋2Φ16
　图中注明的吊筋按图施工

图 3−29　基础梁配筋图

二层楼面结构布置图 楼面基本标高 ▽ 4.200/H 1:100

注 1. 楼面现浇板混凝土强度等级为C25
2. 当预制板不为整数、遇到柱及管道穿预制板处，
局部设现浇板带，其做法按结构设计总说明第
四、(二)、4条施工
3. 图中K8表示Φ8@150

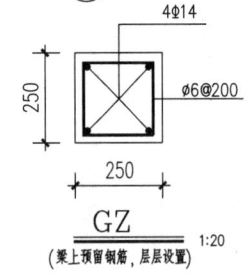

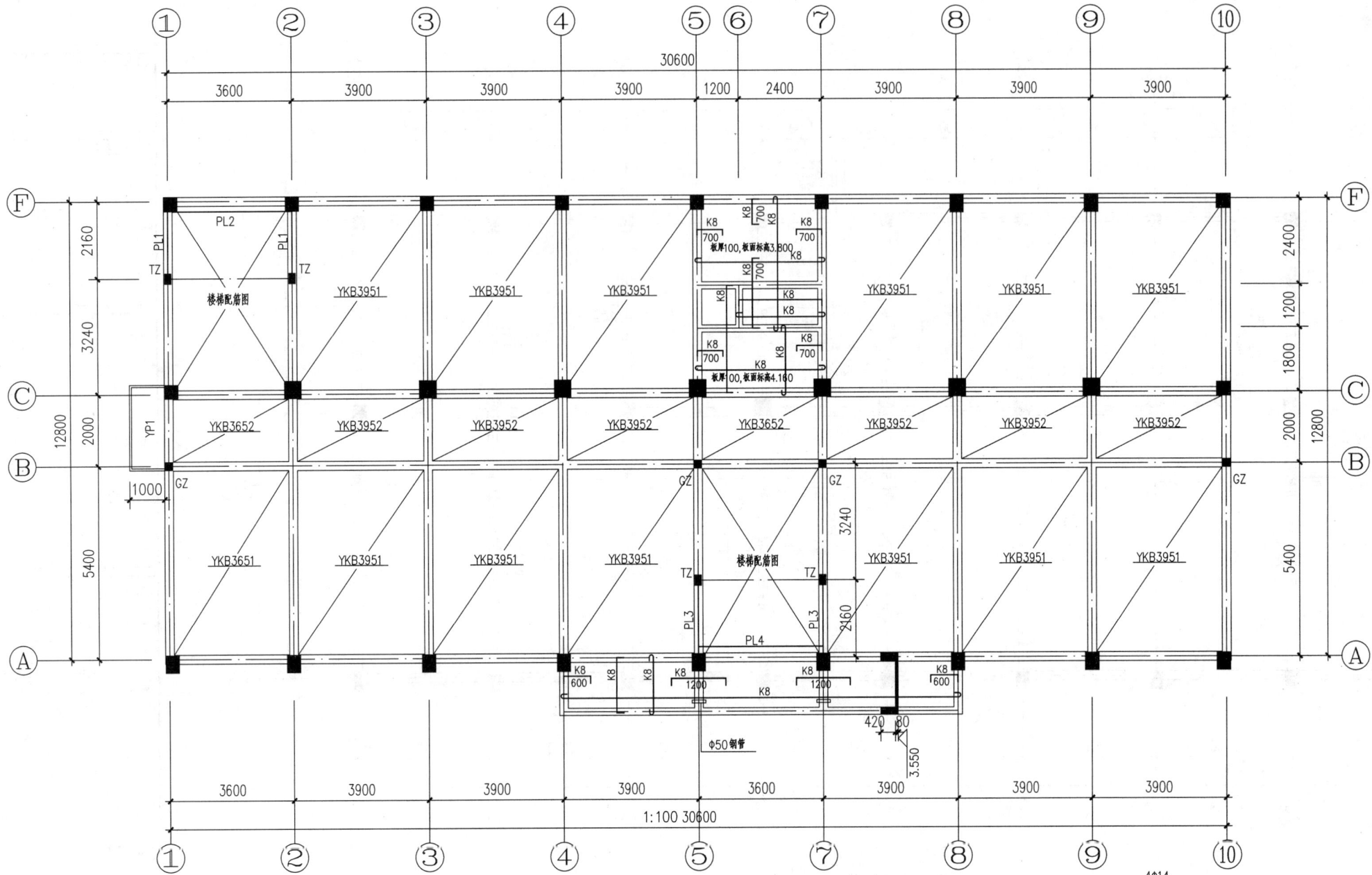

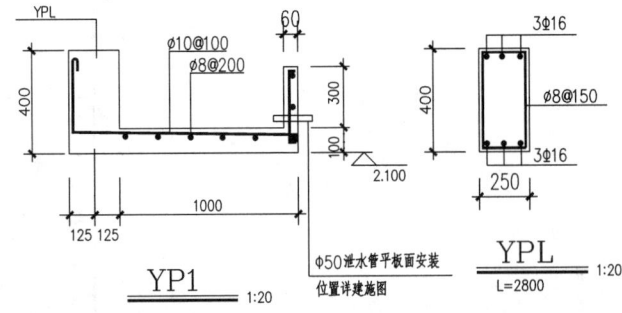

图 3-30 二层楼面结构布置图及构件详图

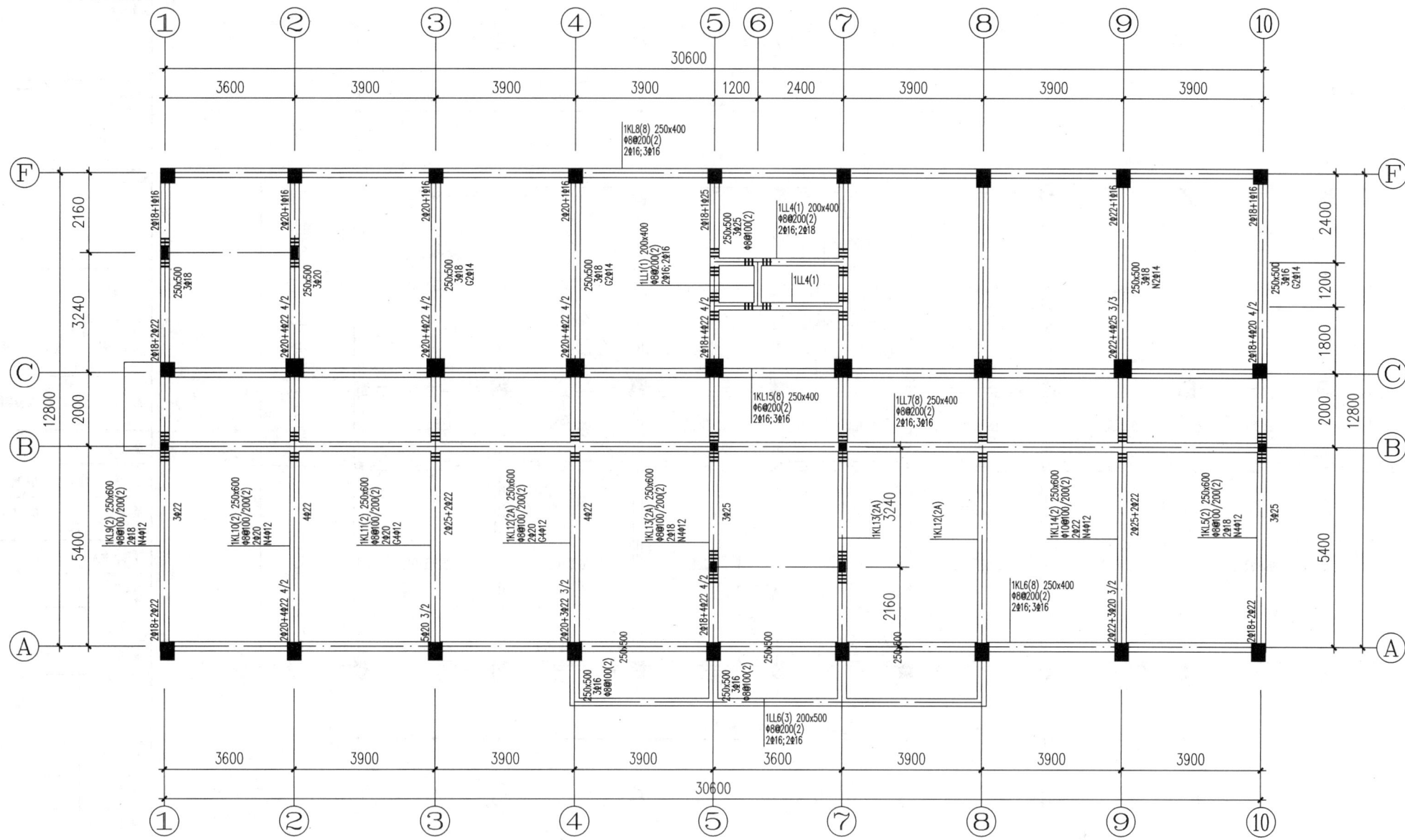

二层楼面梁配筋图 ∇4.200 1:100

说明:
1. 除注明外混凝土强度为C25梁顶标高为4.050m
2. 平面表示具体做法详见11G101—1
3. 梁上设柱做法详见11G101—1第66页,加设2Φ16吊筋
4. 主次梁交节处,主梁每边加密箍3个,间距50,设吊筋2Φ16
   图中注明的吊筋按图施工

图 3-31 二层楼面梁配筋图

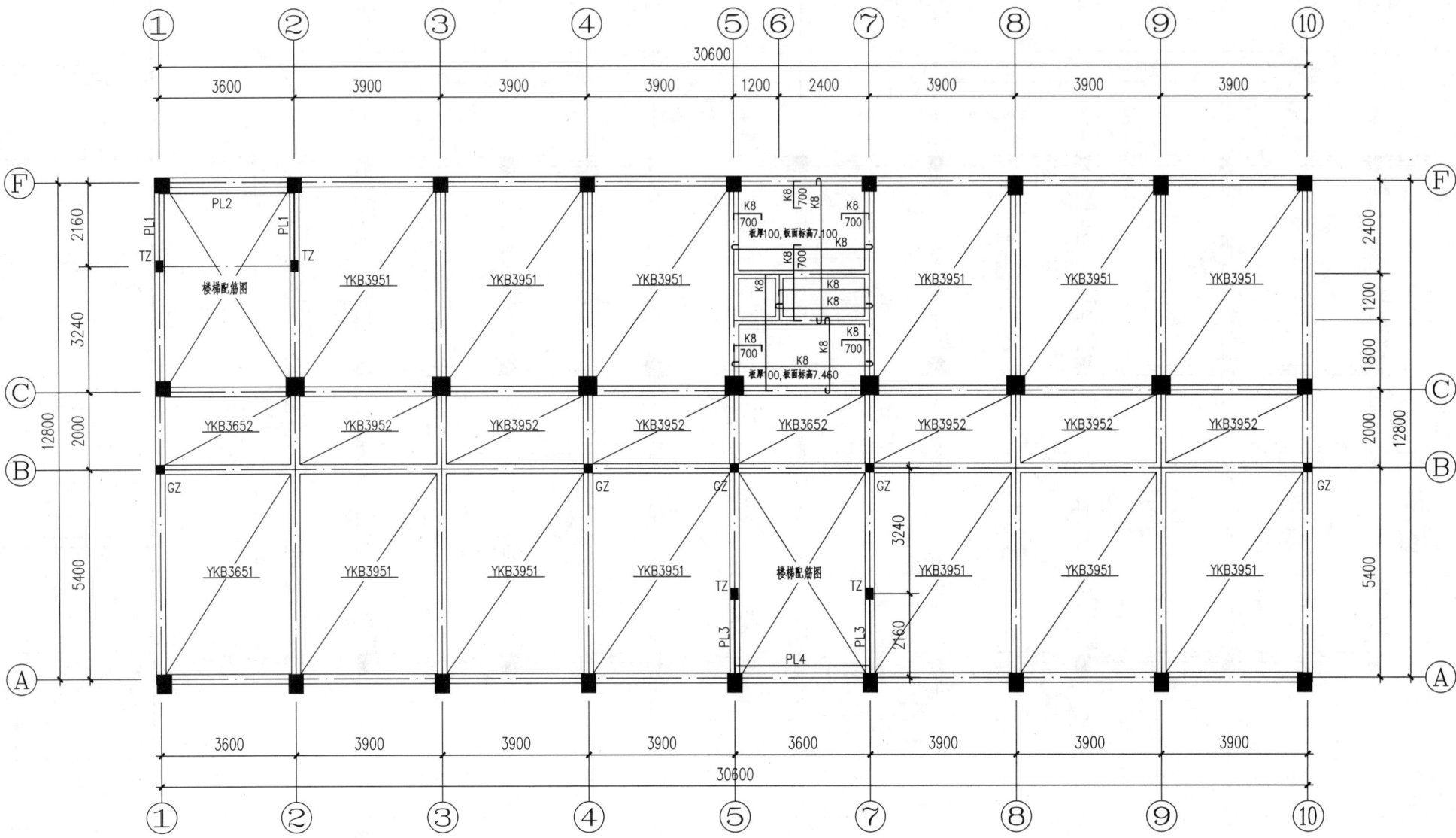

三层楼面结构布置图 楼面基本标高 $\underset{H}{\underline{\triangledown}} \dfrac{7.500}{}$ 1:100

注 1. 楼面现浇板混凝土强度等级为C25
  2. 当预制板不为整数、遇到柱及管道穿预制板处,
  局部设现浇板带,其做法按结构设计总说明第
  四、(二)、4条施工
  3. 图中K8表示Φ8@150

图 3-32　三层楼面结构布置图

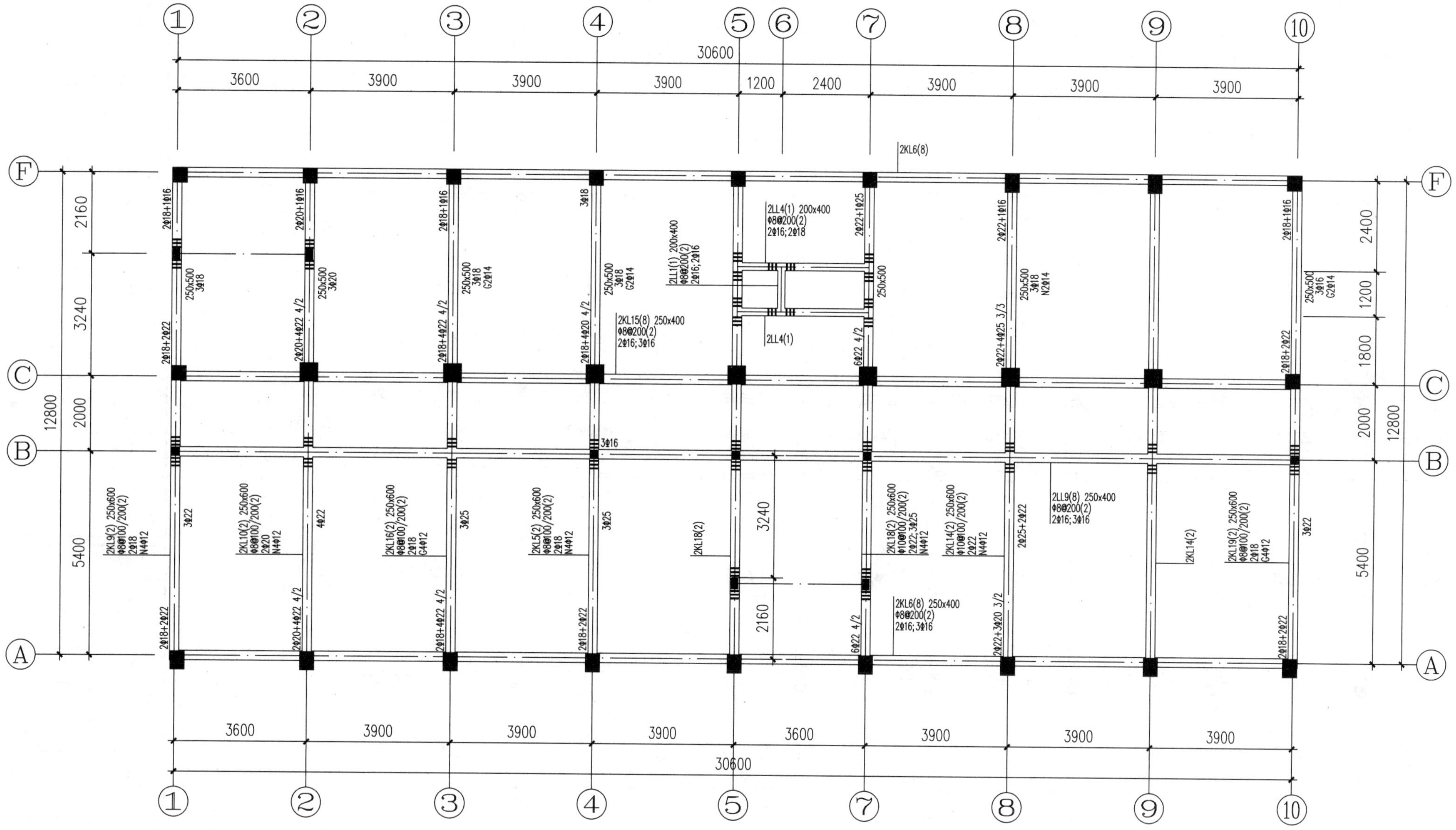

三层楼面梁配筋图 ▽7.500 1:100

说明:
1. 除注明外混凝土强度为C25梁顶标高为7.350m
2. 平面表示具体做法详见11G101—1
3. 梁上设柱做法详见11G101—1第66页,加设2Φ16吊筋
4. 主次梁交节处,主梁每边加密箍3个,间距50,设吊筋2Φ16
   图中注明的吊筋按图施工

图 3-33 三层楼面梁配筋图

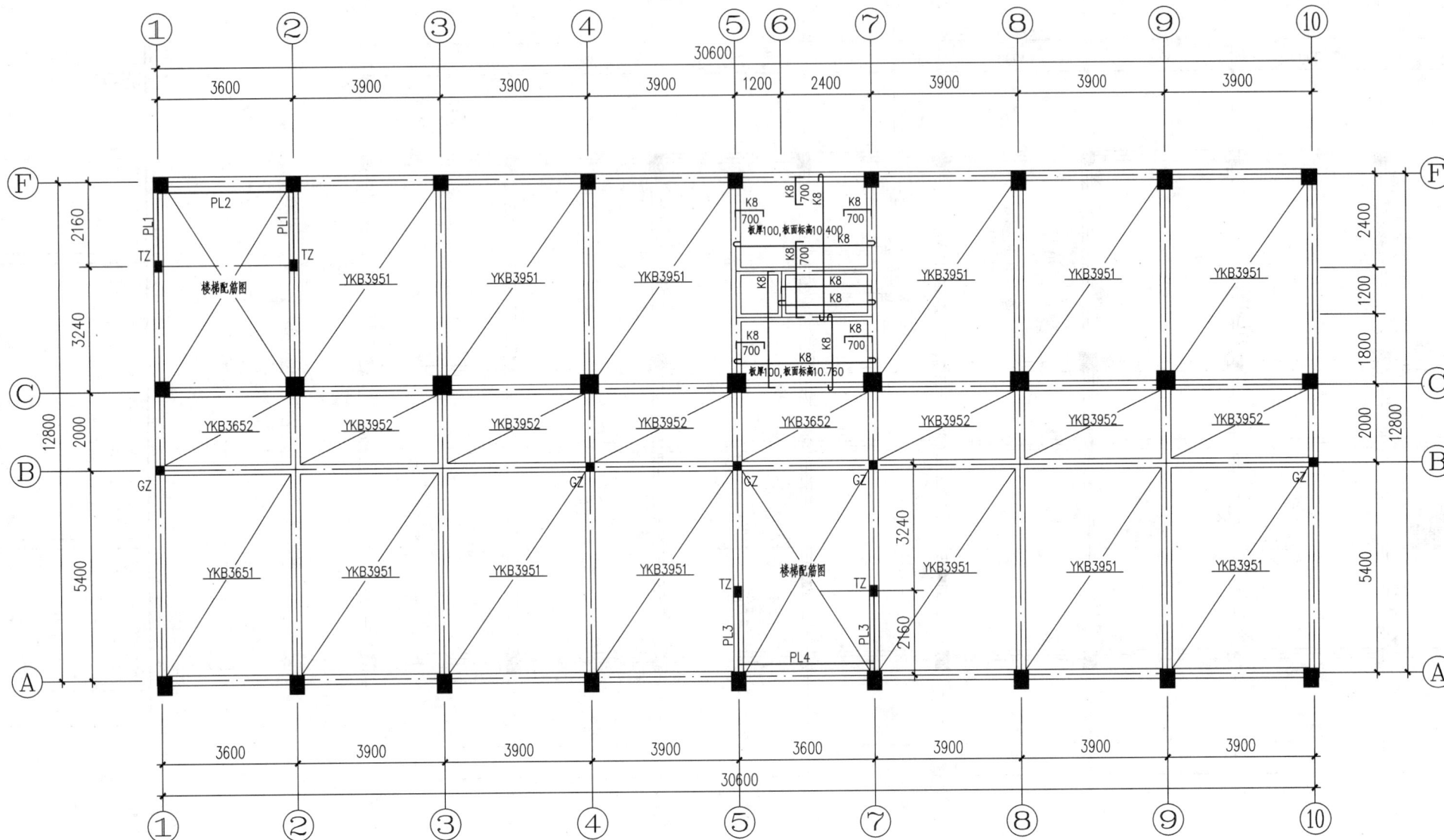

XX设计院

注册师盖章

项目经理盖章

修改记录

建设单位

工程名称	农业科技大楼	
图 名	四层楼面结构布置图	
合 同 号		
图 别 结施	图 号	12
版 次	日 期	

项目负责人	
方案设计	
设 计	
制 图	
校 对	
审 核	
专业负责	
审 定	
院技术负责人	
印刷体	签 署

会 签	
建 筑	
结 构	
给排水	
电 气	
暖通/燃气	

四层楼面结构布置图 楼面基本标高 $\triangledown \frac{10.800}{H}$ 1:100

注 1.楼面现浇板混凝土强度等级为C25
2.当预制板不为整数、遇到柱及管道穿预制板处，局部设现浇板带，其做法按结构设计总说明第四、(二)、4条施工
3.图中K8表示Φ8@150

图 3-34 四层楼面结构布置图

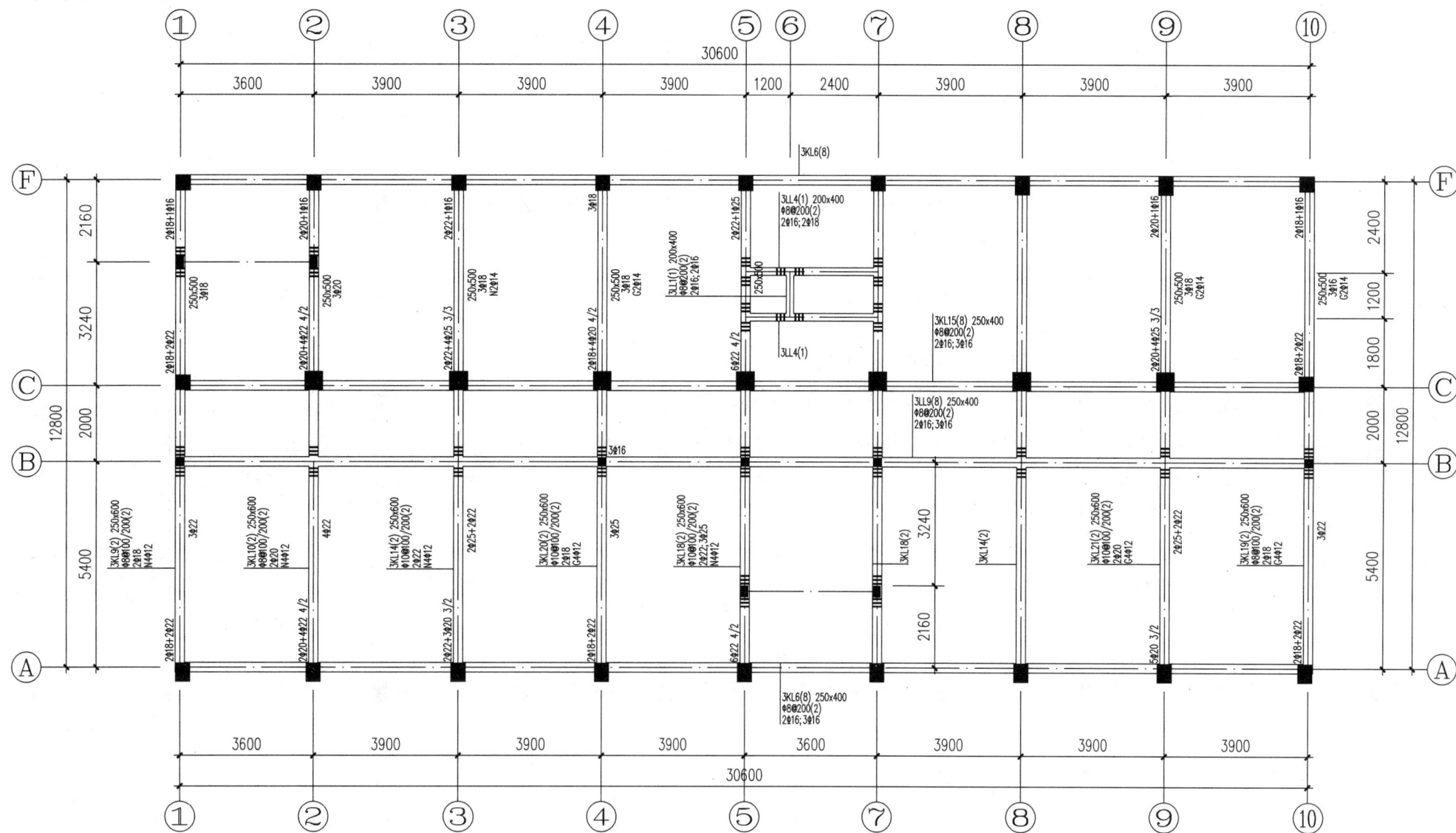

图 3-35 四层楼面梁配筋图

说明:
1. 除注明外混凝土强度为C25梁顶标高为10.650m
2. 平面表示具体做法详见11G101—1
3. 梁上设柱做法详见11G101—1第66页,加设2φ16吊筋
4. 主次梁交节处,主梁每边加密箍3个,间距50,设吊筋2φ16
   图中注明的吊筋按图施工

四层楼面梁配筋图 10.800 / 1:100

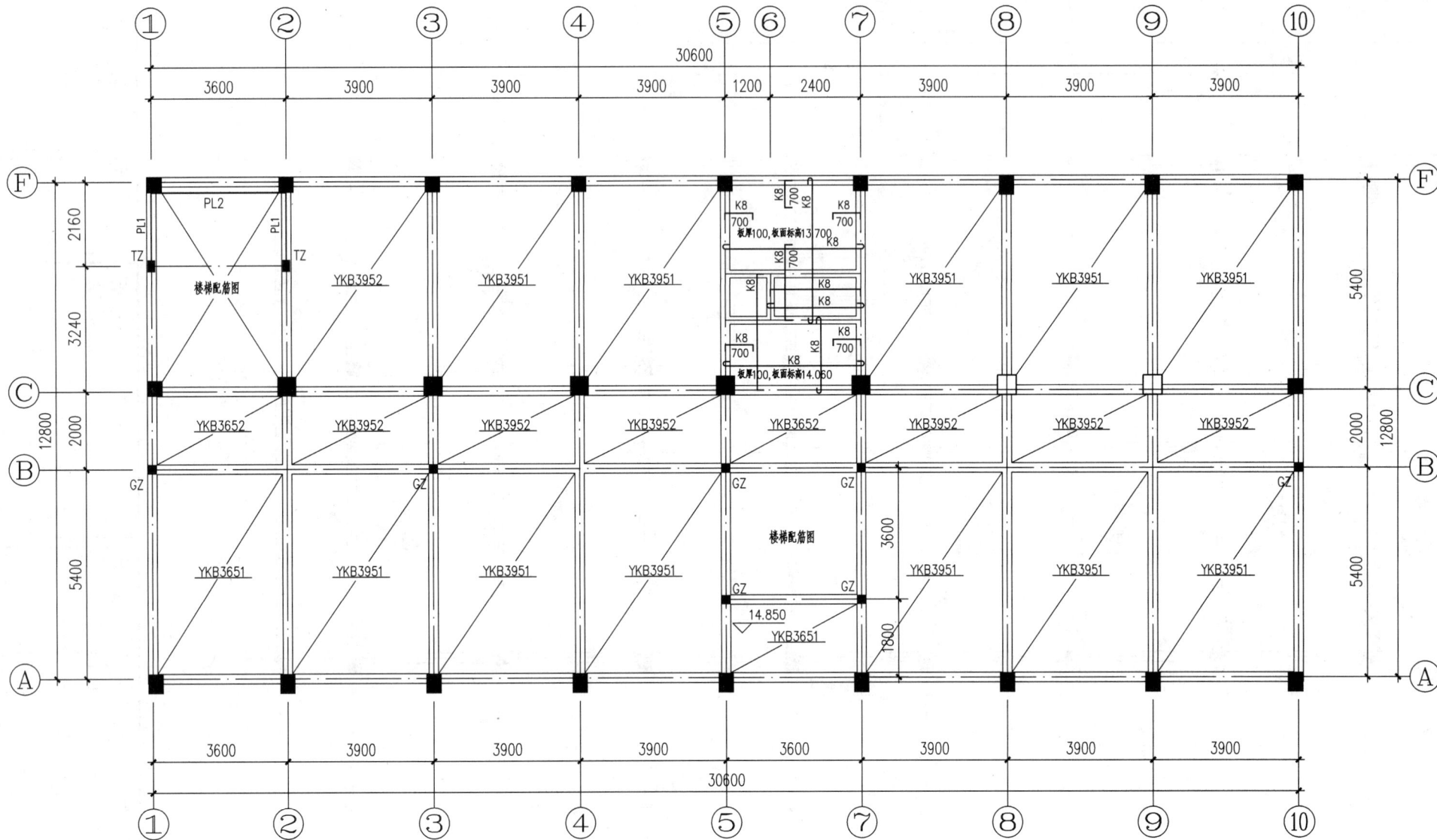

五层楼面结构布置图　　楼面基本标高 ▽14.100/H　1:100

注 1.楼面现浇板混凝土强度等级为C25
　　2.当预制板不为整数、遇到柱及管道穿预制板处，
　　　局部设现浇板带，其做法按结构设计总说明第
　　　四、(二)、4条施工
　　3.图中K8表示Φ8@150

图 3－36　　五层楼面结构布置图

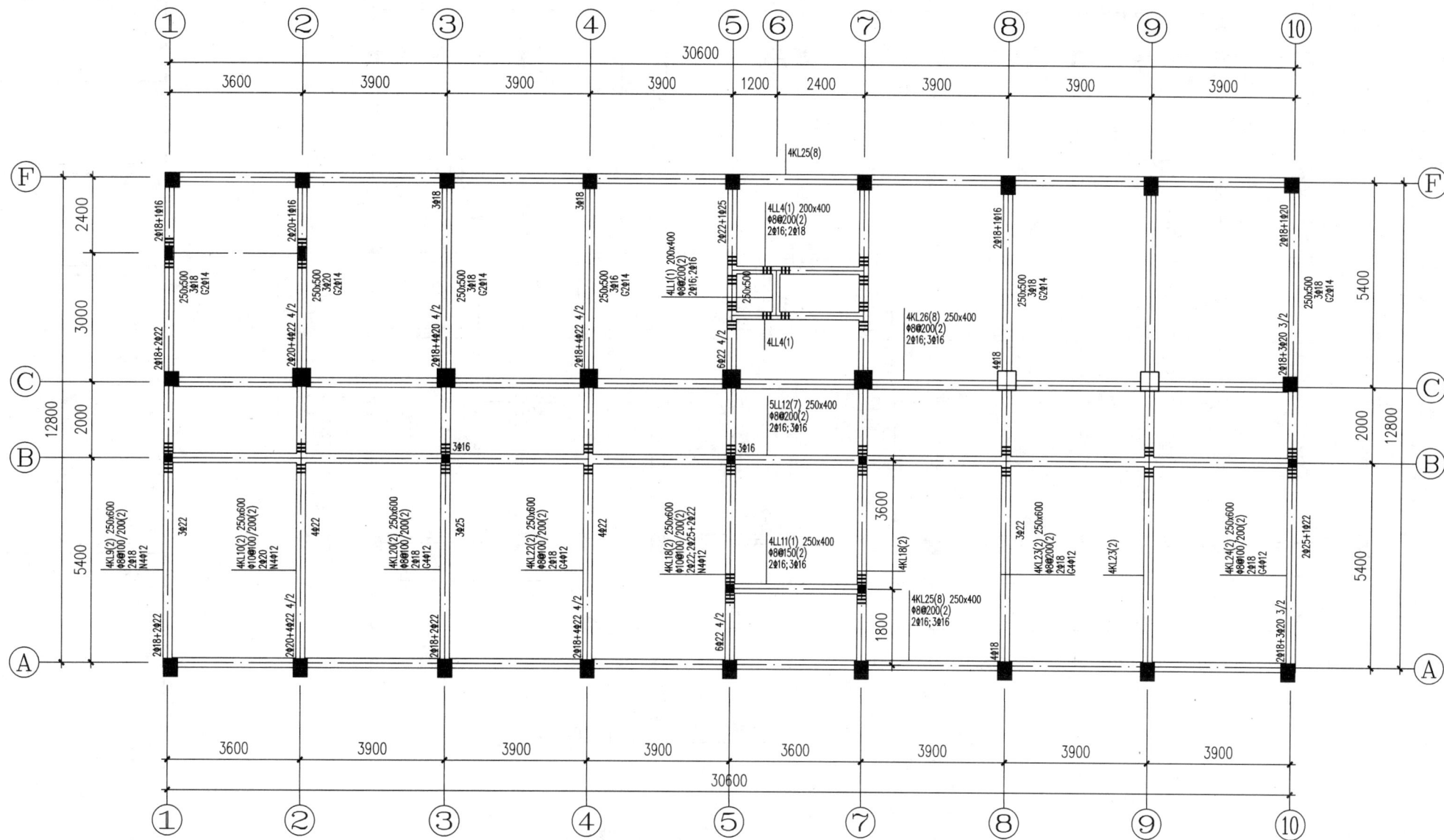

五层楼面梁配筋图 ▽14.100 1:100

说明:
1. 除注明外混凝土强度为C25梁顶标高为13.950m
2. 平面表示具体做法详见11G101—1
3. 梁上设柱做法详见11G101—1第66页,加设2Φ16吊筋
4. 主次梁交节处,主梁每边加密箍3个,间距50,设吊筋2Φ16
   图中注明的吊筋按图施工

图 3-37 五层楼面梁配筋图

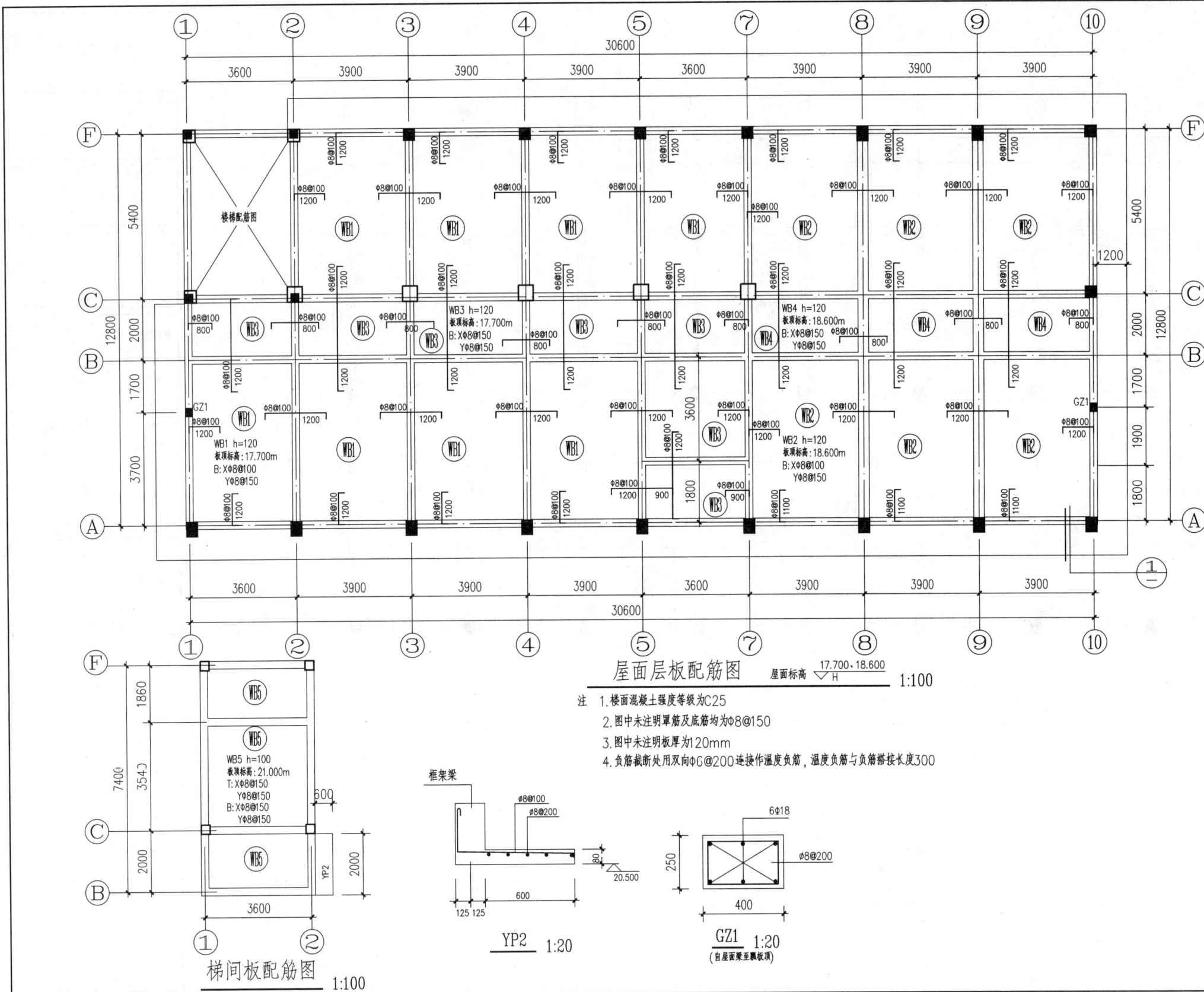

屋面层板配筋图   屋面标高 ▽$\frac{17.700、18.600}{H}$ 1:100

注 1. 楼面混凝土强度等级为C25
    2. 图中未注明罩筋及底筋均为φ8@150
    3. 图中未注明板厚为120mm
    4. 负筋截断处用双向φ6@200连接作温度负筋，温度负筋与负筋搭接长度300

梯间板配筋图   1:100

YP2   1:20

GZ1   1:20
(自屋面梁至飘板顶)

图 3－38　屋面层板配筋图及构件详图

Ｘ Ｘ 设 计 院

注册师盖章

项目经理盖章

修改记录

建设单位

工程名称　农业科技大楼

图 名　屋面层板配筋图
　　　　梯间板配筋图

合 同 号

图别　结施　图 号　16

版次　　　日期

项目负责人
方案设计
设 计
制 图
校 对
审 核
专业负责
审 定
院技术负责人

印刷体　签 署

会 签

建 筑
结 构
给 排 水
电 气
暖通/燃气

图名 屋面层梁配筋图

轴线编号（上）：① ② ③ ④ ⑤ ⑦ ⑧ ⑨ ⑩

30600

3600 3900 3900 3900 3600 3900 3900 3900

轴线：F C B A

5400 12800 1700 3700

屋面层梁配筋图 ▽ 17.700 1:100

说明:
1. 除注明外混凝土强度为C25梁顶标高为17.700m
2. 平面表示具体做法详见11G101—1
3. 梁上设柱做法详见11G101—1第66页, 加设2Φ16吊筋
4. 主次梁交节处, 主梁每边加密箍3个, 间距50, 设吊筋2Φ16
   图中注明的吊筋按图施工

梯间梁配筋图 1:100

说明:
1. 除注明外混凝土强度为C25梁顶标高为21.000m
2. 平面表示具体做法详见11G101—1
3. 梁上设柱做法详见11G101—1第66页, 加设2Φ16吊筋
4. 主次梁交节处, 主梁每边加密箍3个, 间距50, 设吊筋2Φ16
   图中注明的吊筋按图施工

梯间梁配筋图轴线：F C B
1860 3540 2000 7400
3600

主要梁编号与配筋（部分可见）:
WKL33(8) 250x400 Φ8@200(2) 2Φ16; 3Φ16
WKL32(8) 250x400 Φ8@200(2)
WLL13(8) 250x400 Φ8@200(2) 2Φ16
WKL9(2) 250x600 Φ8@100/200(2) 2Φ18
WKL10(2) 250x600 Φ8@100/200(2) 2Φ20
WKL27(2) 250x600 Φ8@100/200(2) 2Φ18
WKL28(2) 250x600 Φ8@100/200(2) 2Φ18
WKL29(1) 350x1100 Φ8@100/200(4) 2Φ25+(2Φ14);3Φ25 N6Φ12
WKL31(8) 250x400 Φ8@200(2) 2Φ16; 3Φ16
WKL36(2) 250x1300 Φ8@100/200(2) 2Φ18
WKL30(2) 250x600 Φ8@100/200(2) 2Φ18
WLL5(1)
WKL29(1) WKL24(1)
WKL34(1A) 250x500 Φ8@100/200(2) 2Φ18,3Φ16
WLL5(1) 250x400 Φ8@200(2) 2Φ16;3Φ16
WKL35(1) 250x400 Φ8@200(2) 2Φ16; 3Φ16

梁顶标高为18.600 (多处标注)

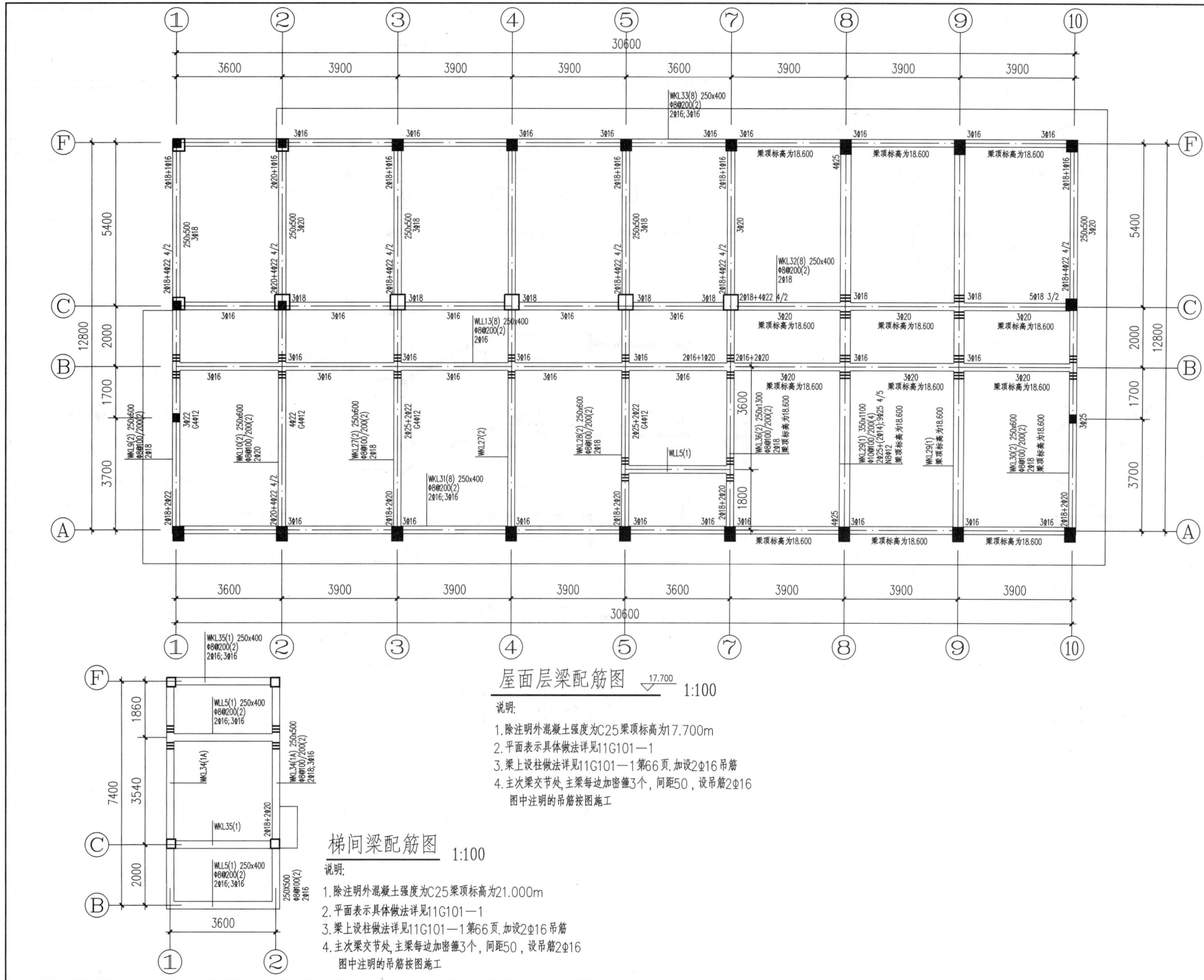

设计院信息:
XX 设计院
注册师盖章
项目经理盖章
修改记录
建设单位
工程名称 农业科技大楼
图名 屋面层梁配筋图 梯间梁配筋图
合同号
图别 结施 图号 17
版次 日期
项目负责人 / 方案设计 / 设计 / 制图 / 校对 / 审核 / 专业负责 / 审定 / 院技术负责人
印刷体 签署
会签: 建筑 / 结构 / 给排水 / 电气 / 暖通/燃气

图 3-39 屋面层梁配筋图

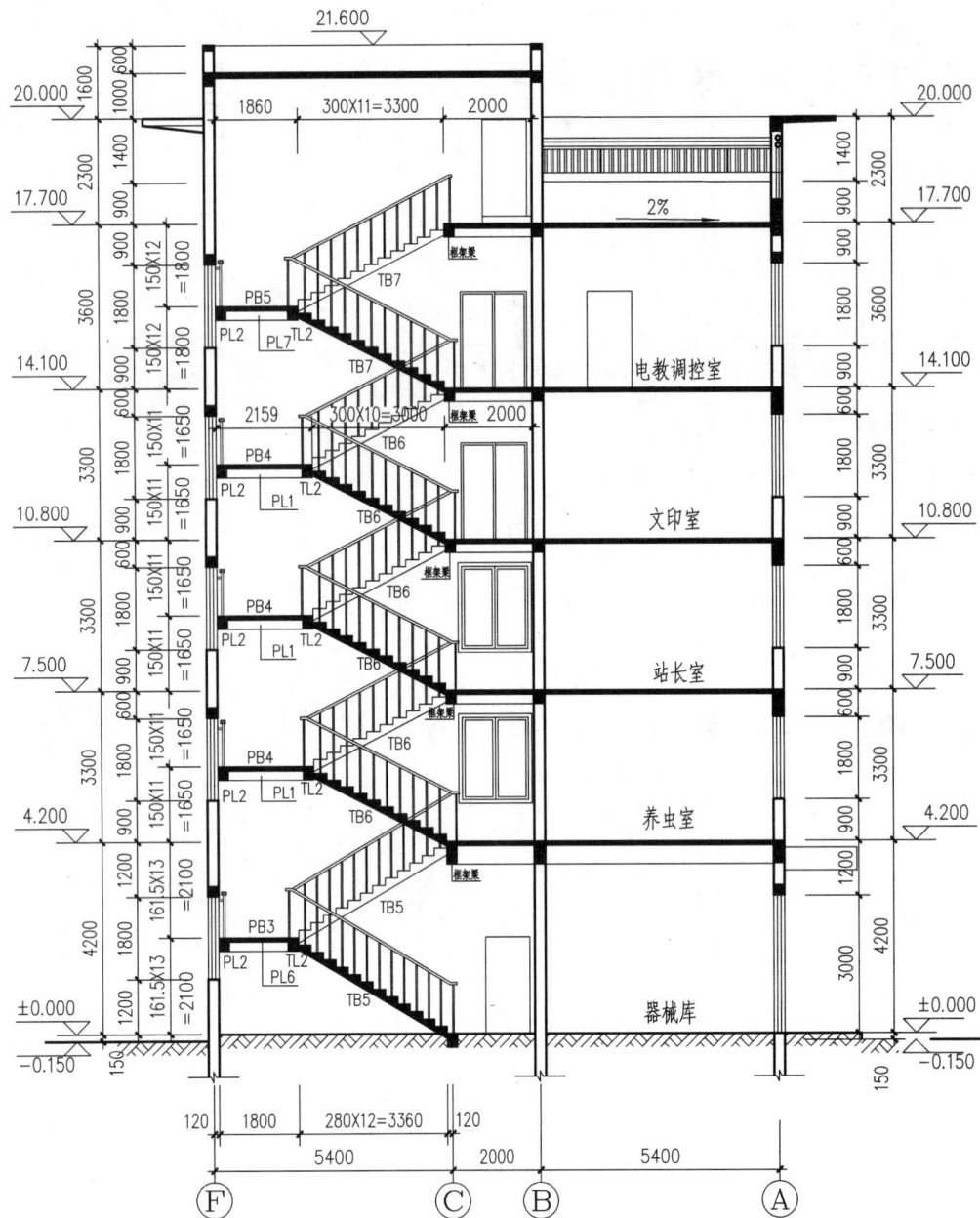

楼梯1 剖面图 1:100

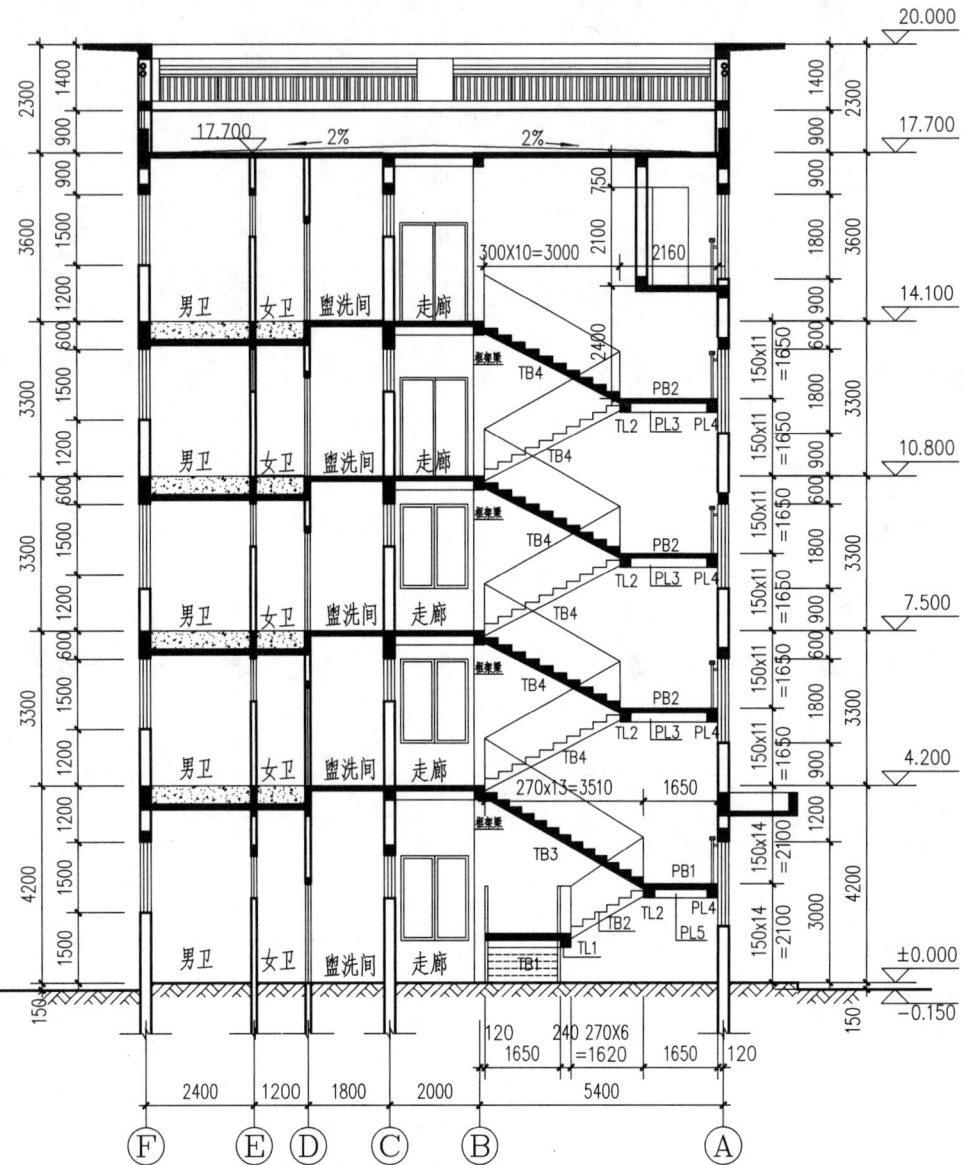

楼梯2 剖面图 1:100

图 3-40 楼梯结构剖面图

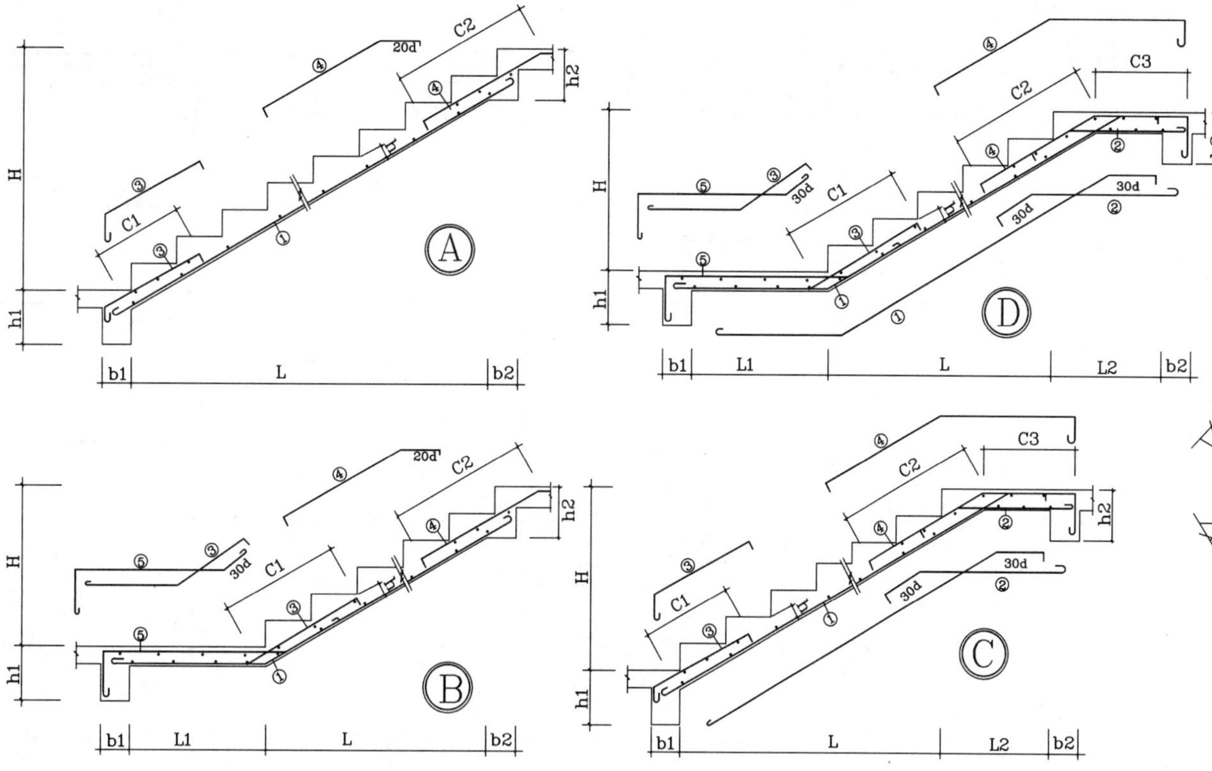

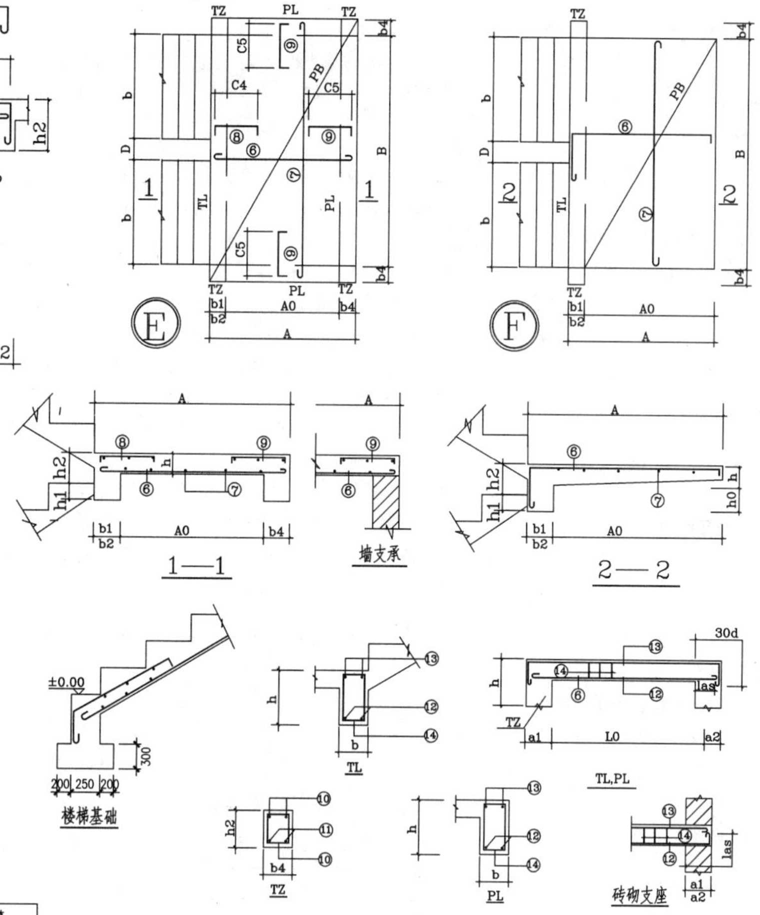

名称	编号	标高	类型	断面 bxh	尺寸 D	L	L1	L2	H	级数	踏步尺寸 宽	高	支座尺寸 b1	b2	楼板配筋 ①	②	③	C1	④	C2	C3	⑤	备注	平台柱配筋 编号	标高	b4xh2	⑩	⑪
楼梯板	TB1	见建施	C	1650X120		1620		1740	1050	7	270	150	250	250	Φ12@100	Φ12@100	Φ12@100	1000	Φ12@100	1000				TZ		250X300	Φ6@200	4Φ14
	TB2	见建施	A	1650X120	60	1620			1050	7	270	150	250	250	Φ10@100		Φ10@100	800	Φ10@100	800								
	TB3	见建施	A	1650X120	60	3640			2100	14	300	150	250	250	Φ12@100		Φ12@100	1200	Φ12@100	1200								
	TB4	见建施	A	1650X120	60	3000			1650	11	300	150	250	250	Φ12@100		Φ12@100	1000	Φ12@100	1000								
	TB5	见建施	A	1650X120	60	3360			2100	13	280	161.5	250	250	Φ12@100		Φ12@100	1200	Φ12@100	1200								
	TB6	见建施	A	1650X120	60	3000			1650	11	300	150	250	250	Φ12@100		Φ12@100	1000	Φ12@100	1000								
	TB7	见建施	A	1650X120	60	3300			1800	12	300	150	250	250	Φ12@100		Φ12@100	1200	Φ12@100	1200								

名称	编号	标高	类型	断面 AxB	平台板尺寸 b1	b2	b3	b4	A0	h	h0	平台板配筋 ⑥	⑦	⑧	C4	⑨	C5	备注
平台板	PB1	见建施	E	1650X3360	250	250		250	1170	100		Φ8@100	Φ8@150	Φ8@100	通长	Φ8@150	通长	
	PB2	见建施	E	2160X3360	250	250		250	1680	100		Φ8@100	Φ8@150	Φ8@100	800	Φ8@150	800	
	PB3	见建施	E	1800X3360	250	250		250	1320	100		Φ8@100	Φ8@150	Φ8@100	通长	Φ8@150	通长	
	PB4	见建施	E	2160X3360	250	250		250	1680	100		Φ8@100	Φ8@150	Φ8@100	800	Φ8@150	800	
	PB5	见建施	E	1860X3360	250	250		250	1380	100		Φ8@100	Φ8@150	Φ8@100	通长	Φ8@150	通长	

名称	编号	标高	跨度 L0	断面 bxh	支座 a1	a2	配筋 ⑫	⑬	⑭	备注
楼梯梁	TL1		1400	240X400	250	250	3Φ16	2Φ14	Φ8@150	
	TL2		3360	240X400	250	250	3Φ18	2Φ14	Φ8@150	
	PL1		2160	240X350	250	250	3Φ14	2Φ14	Φ8@150	
	PL2		3360	240X350	250	250	3Φ14	2Φ14	Φ8@150	
	PL3		2160	240X350	250	250	3Φ14	2Φ14	Φ8@150	
	PL4		3360	240X350	250	250	3Φ14	2Φ14	Φ8@150	
	PL5		1650	240X350	250	250	3Φ14	2Φ14	Φ8@150	
	PL6		1800	240X350	250	250	3Φ14	2Φ14	Φ8@150	
	PL7		1860	240X350	250	250	3Φ14	2Φ14	Φ8@150	

说明

1. 本楼梯表与楼层结构平面及建施楼梯大样同时使用，栏板(杆)构造及安装连结予埋铁等详建施详图，配合施工。
2. 本梯表混凝土强度等级同相应楼层，钢筋(φ)级和II(Φ)级，II级钢筋不作弯钩。
3. 楼梯底板分布筋每步1φ6，平台及其他部位分布筋φ6@200。
4. 板的受力钢筋保护层15，梁、柱钢筋保护层25。
5. 板支座负筋锚入梁内30*d*，梁底筋伸入支座l_{as}=20*d*，梁支座负筋锚固35*d*。
6. 本图表尺寸单位为毫米，标高为米。

X X 设计院	
注册师盖章	
项目经理盖章	
修改记录	
建设单位	
工程名称	农业科技大楼
图 名	楼梯表
合 同 号	
图 别 结施	图 号 19
版 次	日 期

项目负责人		
方案设计		
设 计		
制 图		
校 对		
审 核		
专业负责		
审 定		
院技术负责人		
	印刷体	签 署

会 签	
建 筑	
结 构	
给 排 水	
电 气	
暖通/燃气	

图 3－41 楼梯结构图

设计说明

一、设计依据：根据建设方委托要求，有关规范要求及建筑施工图
进行设计。
1. (1)工程概况：建筑总面积为2040.09m²，
体积约为7118.06m³，本工程地上5层，建筑高度17.70m。
(2)设计范围：本设计范围包括红线以内的给水排水、雨水、
空调水、和灭火器配置等。
2. 设计依据：建设单位所提供的有关市政给水、污水、雨水管网资料。
建筑给水排水设计规范　GB50015—2003(2009年版)
室外给水设计规范　　　GB50013—2006
室外排水设计规范　　　GB50014—2006
建筑设计防火规范　　　GB50016—2014
消防给水及消火栓系统技术规范　GB50974—2014
建筑灭火器配置设计规范　GB50140—2005
民用建筑节能设计标准　　JGJ 26—1995
《工程建设标准强制性条文》(房屋建筑部分)2013年版
各专业提供的设计要求。
二、本图平面尺寸以毫米计，高程以米计。给水管标高指管中心线，
排水管标高指管内底。
1. 给水系统：
市政可资利用水压为0.35MPa。
本工程引入管为DN65，供水方式为市政直接供水。
最高日用水量：13m³；最大小时用水量为2.44m³/h。
2. 排水系统：污水经化粪池预处理后排于排入市政污水管网。
3. 雨水系统：统一由建筑考虑，雨水排至室外雨水管。
4. 空调冷凝水：经PVC-U管收集后均间接排放至散水。
三、管材及连接：1. 室内给水管采用PPR管，热熔连接。
2. 室外给水管采用PE管，热熔连接。
3. 室内排水管及出户管采用UPVC管，承插粘接。
4. 室外排水管采用离心机制钢筋混凝土管；
5. 室内消防给水管采用镀锌钢管，丝扣连接。
6. 室外消防给水管采用给水铸铁管，承插连接。
7. 空调排水采用普通UPVC排水管，承插粘接；
8. 雨水管采用普通UPVC排水管，承插粘接。

四、卫生设备选型及安装：
1. 卫生洁具配套产品由甲方指定，卫生设备安装详见09S304。
所有卫生器具均采用节水型卫生器具，坐便器一次冲洗水量小于6L，
所有卫生器具、地漏的排水存水弯水封高度不小于50mm。
五、消防：
建筑灭火器按中危险级设置，每个消火栓处各两具。
均为磷酸铵盐干粉(手提式) — MFzL4型 — 4kg — 5A
室外消火栓为SS100型，按国标01S201—6大样安装，建筑100m范
围内设室外消火栓，建筑耐火等级为二级，设计室内消火栓水量为15L/s，
设计室外消火栓用水量为25L/s，由小区统一规划设计，详总图。
六、室外检查井均为Φ700圆形检查井，井内干管管顶平接，图中所示
H系指该处管内底标高；室外排水施工前应对其标高进行复核。
七、标准图选用：阀门井按 S143　水表井按 S145
隔油井按 01S519　化粪池按 02S701(可视现场情况调整其位置)
检查井按 02S515管道支吊架按 S161
八、施工安装应按照 GBJ50242—2000中有关规定进行，
并配合土建预留好孔洞，给排水管穿过楼面均设金属套管。
九、保温：屋面的消防管道需要防腐处理。管道保温材料用石棉瓦，
外包玻璃布涂油漆。详见S159—23(图Ⅲ)。
十、管径表示：钢管、铸铁管、复合管、塑料管等公称管径以"DN"表示，混凝土
管、钢筋混凝土管等的管径以"D"表示。

塑料管公称直径与外径对照表

公称直径(mm)	DN15	DN20	DN25	DN32	DN40	DN50	DN65	DN80	DN100	DN150
外　径(mm)	De20	De25	De32	De40	De50	De63	De75	De90	De110	De160

十一、排水横管宜按以下标准坡度敷设，如有困难，可采用最小坡度：

管　径	DN50	DN75	DN100	DN150	DN200
标准坡度	0.035	0.025	0.020	0.010	0.008
最小坡度	0.025	0.020	0.012	0.007	0.005

十二、未尽事项，按有关规定进行。市自来水供水压力0.35MPa。

主要材料表

序号	名称	规格	数量	单位	备注
1	PP-R管	20	按实	m	
2		25	按实	m	
3		32	按实	m	
4		40	按实	m	
5		50	按实	m	
6	PE管	63	按实	m	
7		90	按实	m	
8	铸铁管		按实		
9	UPVC管	75	按实	m	
10		110	按实	m	
11		160	按实	m	
12	混凝土管	Φ300	按实	m	
13	水　表	LXS-25	按实	个	
14		LXS-40	按实	个	
15		LXS-50	按实	个	
16		LXS-80	按实	个	
17	检查口	D75	按实	个	
18		D110	按实	个	
19	清扫口	D50	按实	个	
20		D110	按实	个	
21	通气帽	D110	按实	个	
22		D75	按实	个	
23	低水箱冲洗蹲便器	380*260	按实	个	
24	淋浴(浴盆)		按实	个	
25	洗脸盆		按实	个	
26	坐便器		按实	个	
27	室内消火栓(单出口)	DN65	按实	个	
28	室内消火栓(双出口)	DN65	按实	个	
29	室外消火栓	SS100	按实	个	
30	水泵接合器	SQS100	按实	个	

图例表

图例	名称	图例	名称	图例	名称	图例	名称
	给水管		水表		清扫口	JL-1	给水立管
	排水管		蹲便器(平面)		检查口	PL-1	排水立管
	雨水管		台式洗脸盆		透气球	YL-1	雨水立管
	消防管		雨水斗	P1	检查井	KL-1	空调冷凝水立管
	截止阀		闸阀	HC	化粪池		水龙头
	止回阀		洗涤池		消火栓		小便器自闭式冲洗阀
	地漏		小便器		消火栓(平面)		P型存水弯
					地漏		S型存水弯

图 3－42　给排水设计说明及图例表

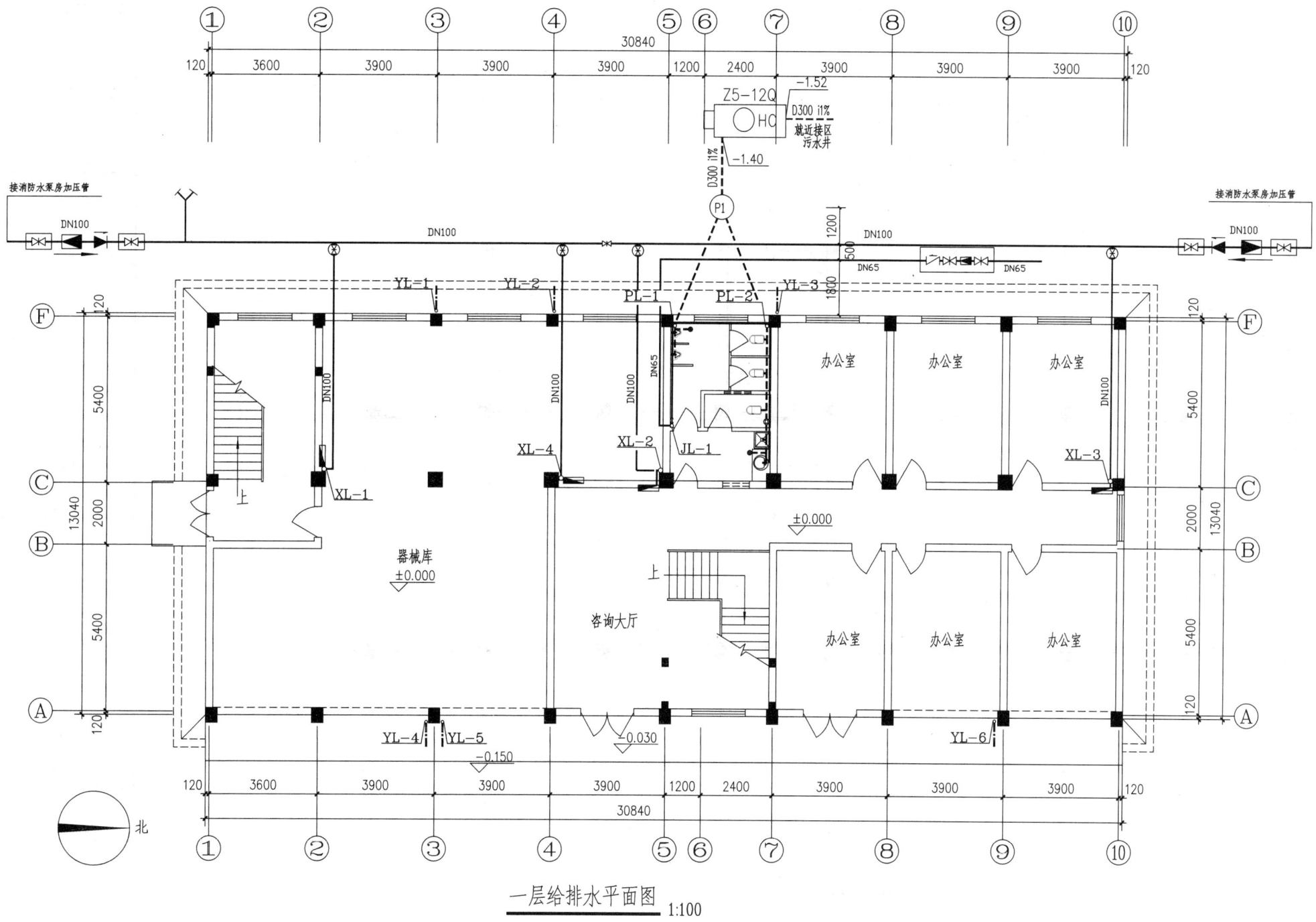

图 3-43 一层给排水平面图

一层给排水平面图 1:100

北

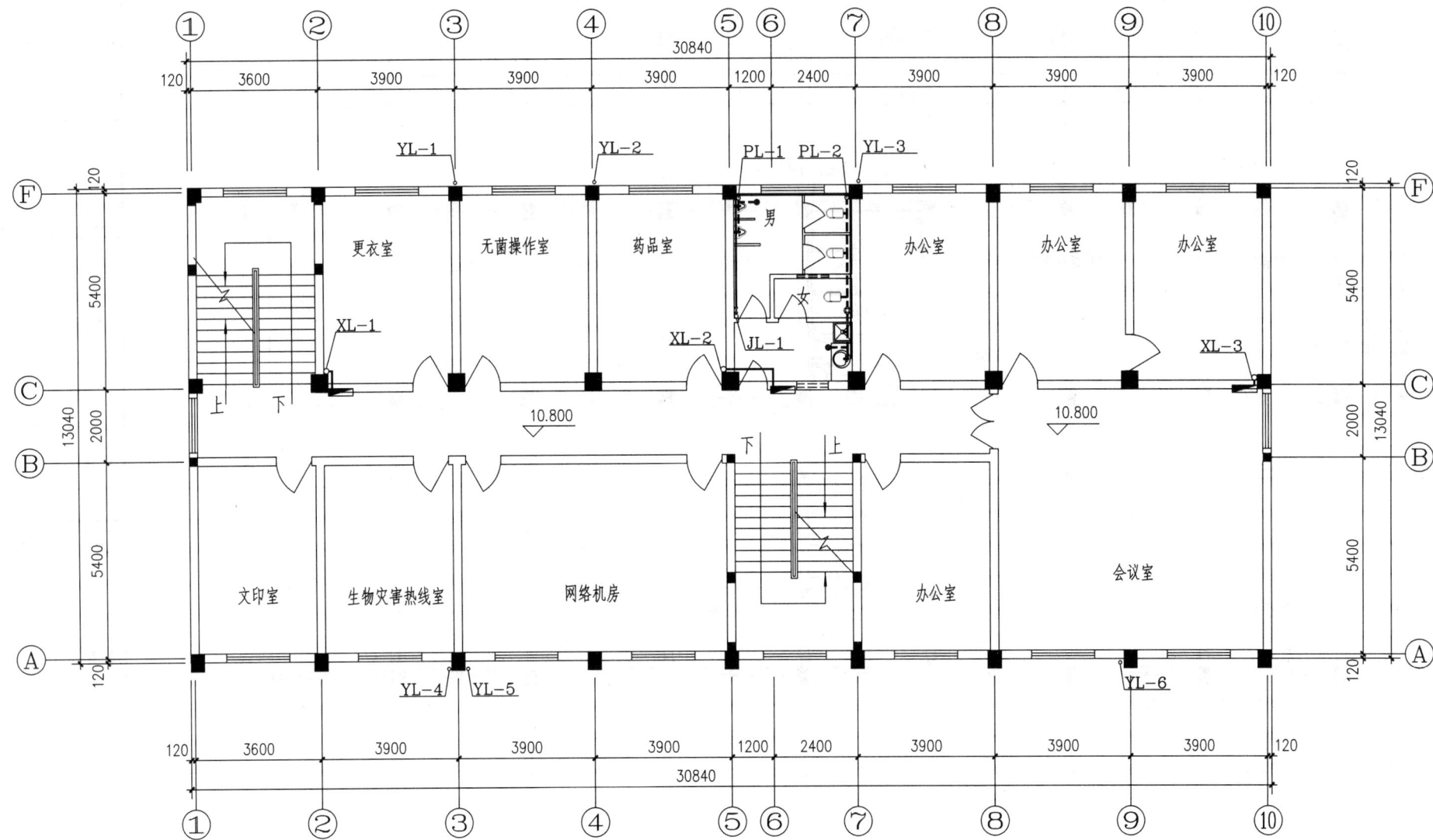

图 3-46 四层给排水平面图

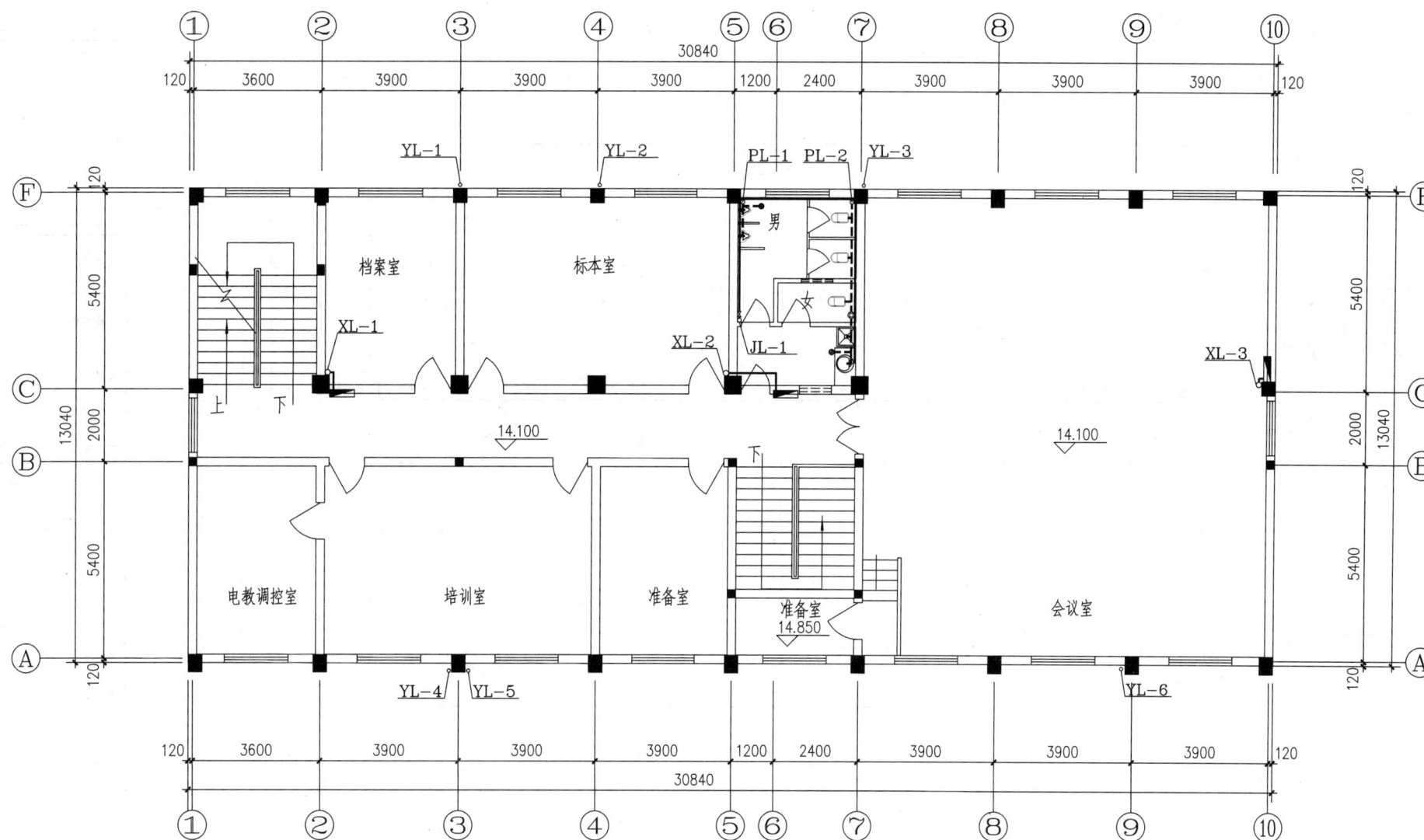

五层给排水平面图 1:100

图 3-47 五层给排水平面图

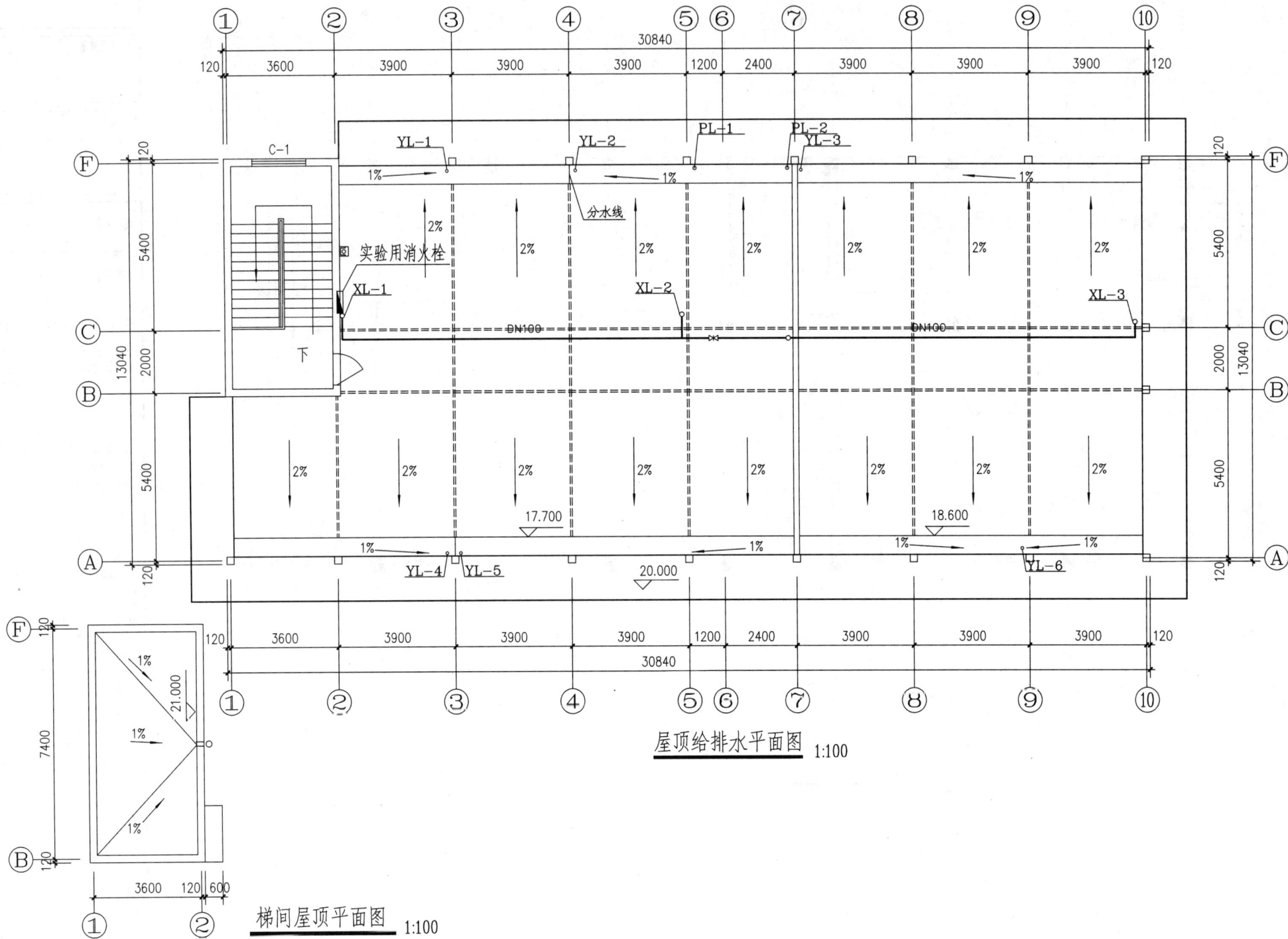

注册师盖章

项目经理盖章

修改记录

建设单位

工程名称 农业科技大楼

图 名 屋顶给排水平面图

合同号

图别	水施	图号	07
版次		日期	

项目负责人	
方案设计	
设计	
制图	
校对	
审核	
专业负责	
审定	
院技术负责人	

印刷体　签署

会 签	
建筑	
结构	
给排水	
电气	
暖通/燃气	

屋顶给排水平面图 1:100

梯间屋顶平面图 1:100

图 3-48 屋顶给排水平面图

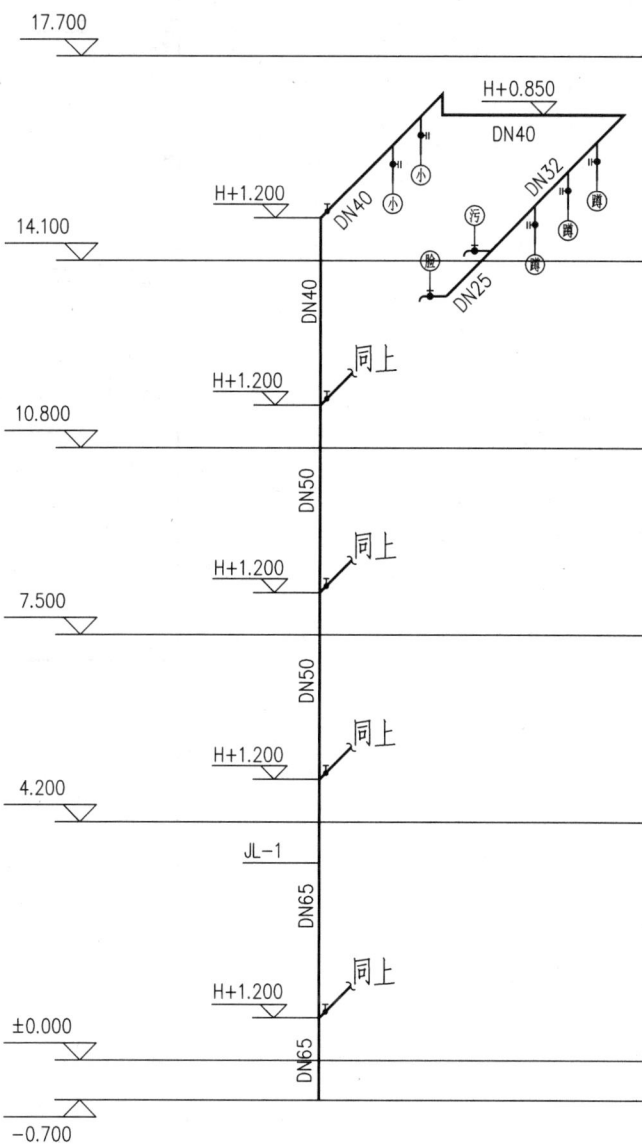

给水系统轴测图
室外给水管道埋深700。

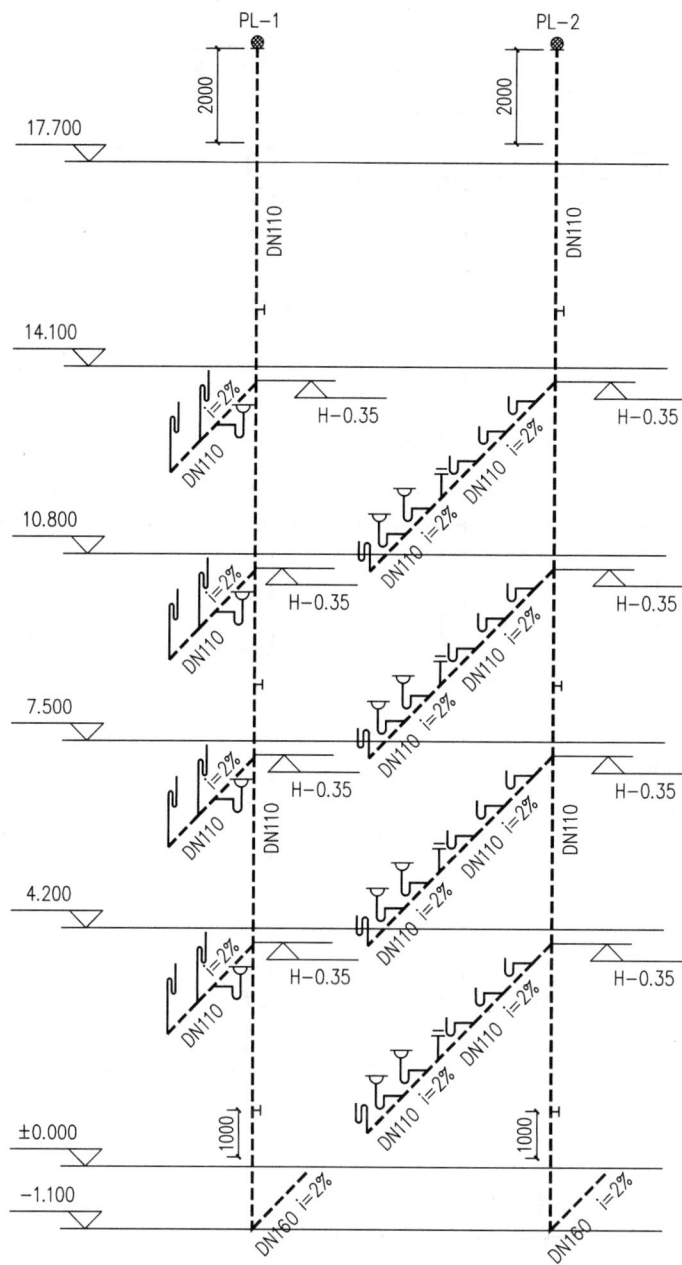

排水系统轴测图

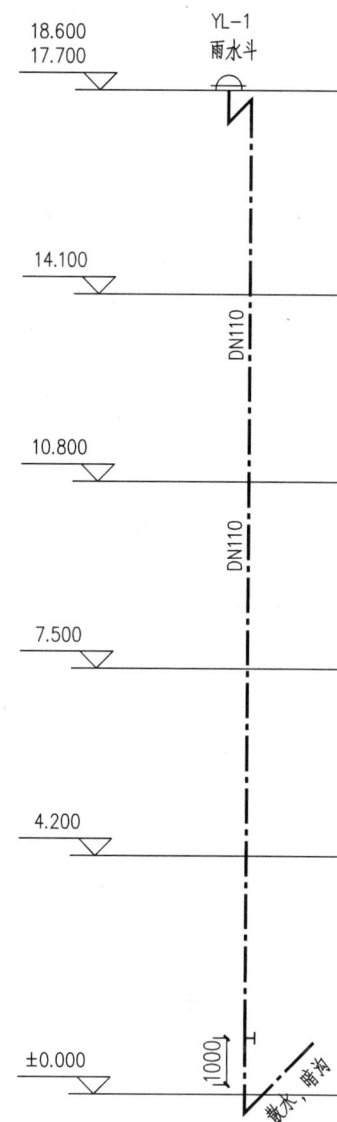

雨水系统轴测图
注：YL-2~6与YL-1相同或对称

图 3-49 给水、排水、雨水系统轴测图

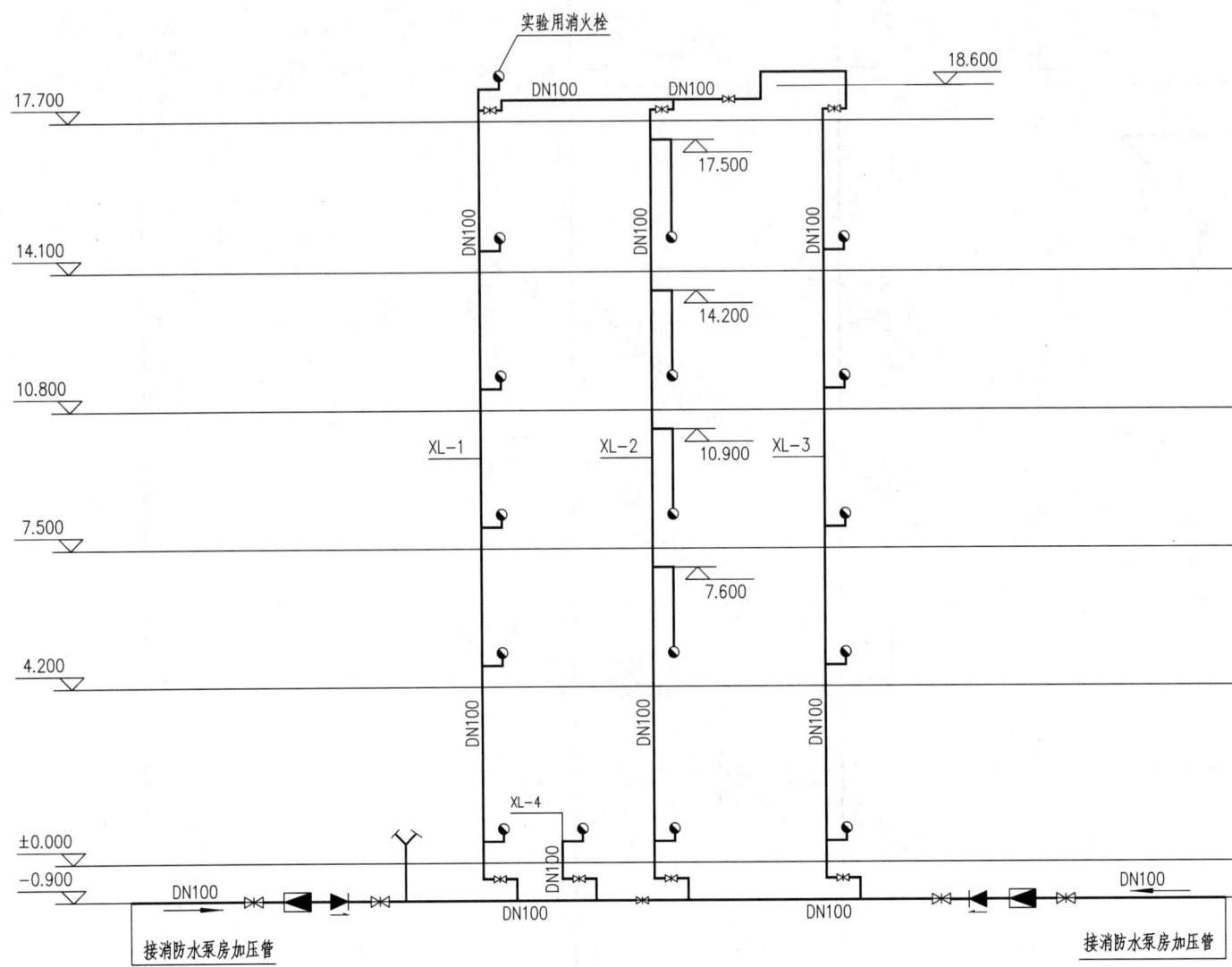

消防给水系统原理图

注：消防栓栓口高度设为1.10m.

图 3-50　消防给水系统原理图

参考文献

［1］刘小聪. 建筑构造与识图. 长沙：中南大学出版社, 2013

［2］刘小聪. 建筑构造与识图习题集. 长沙：中南大学出版社, 2013

［3］毛小敏. 房屋构造与识图. 北京：中国建材工业出版社, 2013

［4］刘小聪. 建筑构造与识图实训. 北京：机械工业出版社, 2009

［5］段丽萍. 建筑结构平面表示法解析实训. 北京：化学工业出版社, 2010

［6］周佳新, 姚大鹏. 建筑结构识图. 北京：化学工业出版社, 2008

［7］中国建筑标准设计研究院. 混凝土结构施工图平面整体表示方法制图规则和构造详图(11G101—1～3). 北京：中国计划出版社, 2011

［8］中华人民共和国住房和城乡建设部. 中华人民共和国国家标准. 房屋建筑与装饰工程工程量计算规范. 北京：中国计划出版社, 2013

［9］中南地区工程建设标准设计办公室. 建筑图集. 北京：中国建筑工业出版社, 2011

［10］中南地区工程建设标准设计办公室. 结构图集. 北京：中国建筑工业出版社, 2012

［11］本社编. 现行建筑设计规范大全. 北京：中国建筑工业出版社, 2014

图书在版编目(CIP)数据

建筑构造与识图实训 / 刘小聪主编. —长沙:中南大学出版社,
2015.9(2020.8 重印)

ISBN 978 - 7 - 5487 - 1932 - 8

Ⅰ. 建…　Ⅱ. 刘…　Ⅲ. ①建筑构造－高等职业教育－教学
参考资料②建筑制图－识别－高等职业教育－教学参考资料
　Ⅳ. TU2

中国版本图书馆 CIP 数据核字(2015)第 224825 号

建筑构造与识图实训

刘小聪　主编

□**责任编辑**	周兴武	
□**责任印制**	易红卫	
□**出版发行**	中南大学出版社	
	社址:长沙市麓山南路	邮编:410083
	发行科电话:0731 - 88876770	传真:0731 - 88710482
□**印　　装**	湖南省众鑫印务有限公司	

□**开　　本**	787 mm × 1092 mm 1/8	□**印张** 13	□**字数** 405 千字
□**版　　次**	2015 年 9 月第 1 版	□**印次** 2020 年 8 月第 5 次印刷	
□**书　　号**	ISBN 978 - 7 - 5487 - 1932 - 8		
□**定　　价**	32.00 元		